Originalgröße

Dem Andenken meines geliebten Mannes
Felicitas Kuhn

HEIMISCHE ORCHIDEEN UND ANDERE BOTANISCHE NATURSTUDIEN

VON HELMUT KUHN

Herausgegeben von

Kuhn Rechtsanwälte GmbH

Herausgegeben von
Kuhn Rechtsanwälte GmbH

Texte
Helmut Kuhn
Christian Kuhn
Bernhard Schubert
Georg Grabherr

Die Texte von Helmut Kuhn
sind seinem im Verlag G. Grasl
erschienenen Buch „Augenblicke
und Gedankengänge“ entnommen.

Grafik, Digitalfotografie und Lithografie
Graphisches Atelier Neumann, Wien

Gesamtherstellung
Graphisches Atelier Neumann, Wien

Erschienen im Eigenverlag
Kuhn Rechtsanwälte GmbH

ISBN 978-3-902462-12-1

Printed in Austria

INHALT

6. Juni 1925 – 30. August 2016

CHRISTIAN KUHN

VORWORT

Begeisterungsfähigkeit, Genauigkeit und Ausdauer waren Wesenszüge meines Vaters und die Voraussetzungen dafür, dass er die in diesem Buch abgebildeten Naturstudien schaffen konnte. Sein scharfer Blick für das – nicht nur grafisch – Wesentliche auch an scheinbar unbedeutenden Dingen und sein zeichnerisches Talent ermöglichten ihm, dies mit einer Aussagekraft umzusetzen, wie es fotografisch nicht erreichbar ist. Ein Samen, eine Blüte oder ein Fruchtstand waren für meinen Vater kleine Kunstwerke, die - unter der Lupe betrachtet – zu etwas Großem wurden, das er grafisch umsetzte. Dabei bediente er sich keiner Veränderung, keiner Verstärkung, keiner Abschwächung, keiner Verfremdung und keiner Übermalung, sondern bloß der streng naturalistischen Darstellung der Wirklichkeit. Seine Absicht war es nicht, grafische Kunstwerke zu schaffen, er wollte den Blick des Betrachters ausschließlich auf die dargestellte Pflanze und das Wunder der Wirklichkeit lenken. Trotz der fehlenden Absicht wurden aus jedem einzelnen Blatt und auch aus der Gesamtheit der Blätter Kunstwerke, die auch den botanisch nicht interessierten Betrachter berühren und zum Nachdenken anregen.

Das äußere Leben meines Vaters war geprägt von einer geborgenen Kindheit, schrecklichen Kriegserlebnissen, einem nicht immer erfüllenden beruflichen Umfeld und einer glücklichen Familie. Seine Interessen waren neben der Natur vor allem Dichtung und Grafik. Ihn faszinierten einerseits die Höhepunkte jeder Epoche, also die Klassik im weitesten Sinn, aber auch Sprachwitz und Kleinkunst. Er war ein universeller Sammler und in vielem – vor allem in seinen Gedichten – bewusst unzeitgemäß. Er hat für sich und die anderen Qualitätsmaßstäbe gesetzt, die nicht leicht erfüllbar waren und die ihm vielleicht auch den Blick auf manches, was für andere möglicherweise auch von Bedeutung ist, verstellt haben. Moden, Zeitgeistiges und Oberflächlichkeit waren ihm gleichgültig und fremd. Ein gotischer Flügelaltar oder eine Symphonie von Anton Bruckner begeisterten ihn ebenso wie der morgendliche Blick von einem einsamen Berggipfel oder der Anblick einer Orchidee beim Zeichnen auf seinem Schreibtisch.

Die in diesem Buch abgebildeten Naturstudien sind Teil der Weltsicht meines Vaters, die er selbst in einem Vierzeiler so festgehalten hat:

Der Geist ordnend weilet, am Blatt und am Steine,
und alles er teilet, damit es sich eine.
Im Teil herrscht das Ganze, um Großes kreist Kleines,
Mensch, Tier, Stein und Pflanze – und alles ist eines.

BERNHARD SCHUBERT

HELMUT KUHN IN DANKBAREM GEDENKEN

Im Jahr 1985 kam ich erstmals in die vom Pionier der Erforschung österreichischer Orchideen Walter Vöth (1919 – 2013), geleitete Wiener-Niederösterreichische Arbeitsgemeinschaft für Heimische Orchideen.

Dort lernte ich Helmut Kuhn kennen und es ergab sich, dass wir in den Jahren 1986 – 1991 zahlreiche gemeinsame Orchideenexkursionen unternahmen und uns dabei auch durch andere gemeinsame Interessen näher kamen.

Bei oftmaligen Besuchen bei ihm und seiner Gattin Felicitas – auch sie eine Künstlerin, die hunderte Kinderbücher illustriert hat – durften meine Frau und ich von der universellen Bildung des großartigen Grafikers der kleinen Dinge und glänzenden Formulierers profitieren und lernen. Es war immer wieder beglückend, wenn er uns mit Begeisterung eine seiner etwa zweihundert (!) Sammlungen präsentierte.

Die Familie – neben seiner Gattin und seinem Sohn Christian die Schwiegertochter Andrea und deren Kinder Lukas, Johannes und Anna – ging ihm über alles. Mit großväterlichem Stolz berichtete er häufig über seine Enkel, ihre Abenteuer und originellen Äußerungen.

Helmut Kuhn – das heißt für mich Bewunderung, Staunen, Freude, Dankbarkeit und jetzt leider auch Wehmut über den großen Verlust.

Er öffnete uns die Augen für die Wunderwelt der botanischen Abbildungen, beginnend mit den sogenannten „Kräuterbüchern“ am Anfang des Buchdrucks über die Prachtwerke von Basilius Besler, Nikolaus Joseph von Jacquin, Pierre-Joseph Redouté und vielen anderen bis zu den fundamentalen Orchideenmonografien von Heinrich Gustav Reichenbach f. (1851), Max Schulze (1894) und Erich Nelson (1931, 1962, 1968 und 1976).

Beruflich wohl nicht immer glücklich, waren seine Naturstudien für ihn Ausgleich, Befriedigung und Erfüllung.

Dabei hat sich sein Interesse immer mehr auf die Orchideen konzentriert, denen bis ins 19. Jahrhundert noch nicht ihre heutige Sonderstellung innerhalb der heimischen Flora zugemessen wurde.

Frühe Abbildungssammlungen behandeln sie gleichrangig mit anderen wildwachsenden Pflanzen, mit in Gärten kultivierten oder sogar mit aus fernen Ländern importierten.

Prominentes Beispiel dafür ist der „Codex Liechtenstein“ der Brüder Joseph, Franz und Ferdinand Bauer aus den Jahren 1776 bis 1805 mit 2748 Blättern, davon 30 heimische Orchideen (heute im fürstlichen Schloss in Vaduz).

Ausschließlich mit der österreichischen Pflanzenwelt befassen sich die Aquarellsammlung von Moritz Michael Daffinger um 1840 mit 415 Blättern, davon 45 Orchideen (heute im Kupferstichkabinett der Akademie der bildenden Künste in Wien) und das gemalte Herbar von Jakob Alt aus der selben Zeit mit ca. 400 Blättern, davon 23 Orchideen (heute im Niederösterreichischen Landesmuseum in St. Pölten).

Erst in den Siebziger- und Achtzigerjahren des 20. Jahrhunderts kam es zu qualitätsvollen, rein-österreichischen Orchideenserien:
Erich W. Ricek veröffentlichte 39 Farbtafeln unter dem Titel „Die Orchideen der Alpenländer“ im Rahmen der Abhandlungen der Zoologisch-Botanischen Gesellschaft in Österreich (Wien, 1990).
Dr. Ludwig Freidinger porträtierte alle damals bekannten Spezies und publizierte sie im Ausstellungskatalog „Orchideen – auf den Spuren heimischer Arten“ (Gloggnitz, 1993).

Besonders erfreulich ist es, dass nun erstmals auch die 108 großen und die 36 kleinen Orchideenblätter von Helmut Kuhn im Druck erscheinen können, und sich damit würdig in die große Tradition einreihen.

Hausenbach, im Juni 2017
Bernhard Schubert

Blumen sind die Markierungen
auf dem Weg ins Paradies

HELMUT KUHN

HEIMISCHE ORCHIDEEN

Helmut KUHN: Heimische Orchideen

Das Wunder einer aufblühenden Passionsblume – in einem blumenliebenden Elternhaus – und die Orchideen in der landschaftlich schönen Gloggnitzer Umgebung gehören zu meinen bleibenden Kindheitserinnerungen.

1982 hatte ich die im Jahre 1976 begonnene Arbeit „Blüten-Früchte-Samen" fertiggestellt. Von den 3x36 Blättern, im Format 10·5 x 14·8 cm, zeigten 36 Blätter Orchideen.

Als mir unser alter Freund, Prof. Dr. Karl Jelušic, ein Neffe des Schriftstellers Mirko Jelušic, und Deutschlehrer unseres Sohnes Christian am Wasa-Gymnasium, Wien 9, am 8. Juni 1982 mitteilte, daß er in einem Föhrenwald bei Sooß, den von mir seit langem vergeblich gesuchten Violetten Dingel gefunden habe, war das für mich der Anlaß, eine neue Reihe „Heimische Orchideen" (im Format 21 x 14·8 cm) anzufangen. Die 1982 begonnene Arbeit konnte ich 1988 fertigstellen. 1989 und 1991 folgten noch einige kleinere Ergänzungen.

An den 108 Blättern dieser Reihe, mit rund 350 Einzelabbildungen zeichnete ich an 336 Tagen insgesamt 1.691 Stunden.

Die Urlaubswochen der Jahre 1980 – 1988 verbrachten meine liebe Frau und ich in Annaberg dessen schöne Umgebung besonders orchideenreich ist.

Zu großem Dank bin ich meinem Orchideenfreund Mag. Bernhard Schubert (Hausenbach 48, 3121 Karlstetten) verpflichtet, der seit Jänner 1989, als Nachfolger von Herrn Walter Vöth, die Wiener Niederösterreichische Arbeitsgemeinschaft für heimische Orchideen (in der Österreichischen Orchideen-Gesellschaft) leitet. Mag. B. Schubert, der mich zu zahlreichen, teils weit entfernten Orchideen-Standorten in seinem Wagen mitgenommen hat, verdanke ich Pflanzenmaterial, das mir als Vorlage für rund 50 Abbildungen, der insgesamt 350 Zeichnungen diente.

Helmut Kuhn, Baden, 4. März 1996

Alle Abbildungen sind 1:1, in natürlicher Größe, auf Schoellershammer-Karton, glatt, mit Bleistift Härte 5H, bzw. 6H gezeichnet. Gemalt habe ich mit Schmincke Aquarell-Farben (12 Farben).

Infolge Problemen beim beidseitigen Sehen habe ich alle Abbildungen mit Hilfe einer Lupe gezeichnet. Die genauen Maße wurden jeweils mit einem Stechzirkel 1:1 von der Pflanze auf das Papier übertragen.

Das Datum gibt nicht den Tag des Fundes sondern <u>den</u> Tag, an dem die Pflanze gezeichnet wurde an.

Die Zahl am linken unteren Bildrand gibt die Reihung der einzelnen Blätter in botanisch richtiger Folge an.

Die Zahlen am oberen rechten Bildrand, z. B. bei Blatt 3 Sumpf-Stendelwurz, Epipactis palustris $\frac{2:1}{11}$ bedeuten: 2 = Gruppe Stendelwurz, 1 = die erste, der 8 bei uns wachsenden Stendelwurzarten. 11 bedeutet, dieses Blatt wurde, in zeitlicher Reihenfolge, als elftes, der insgesamt 108 Blätter gezeichnet.

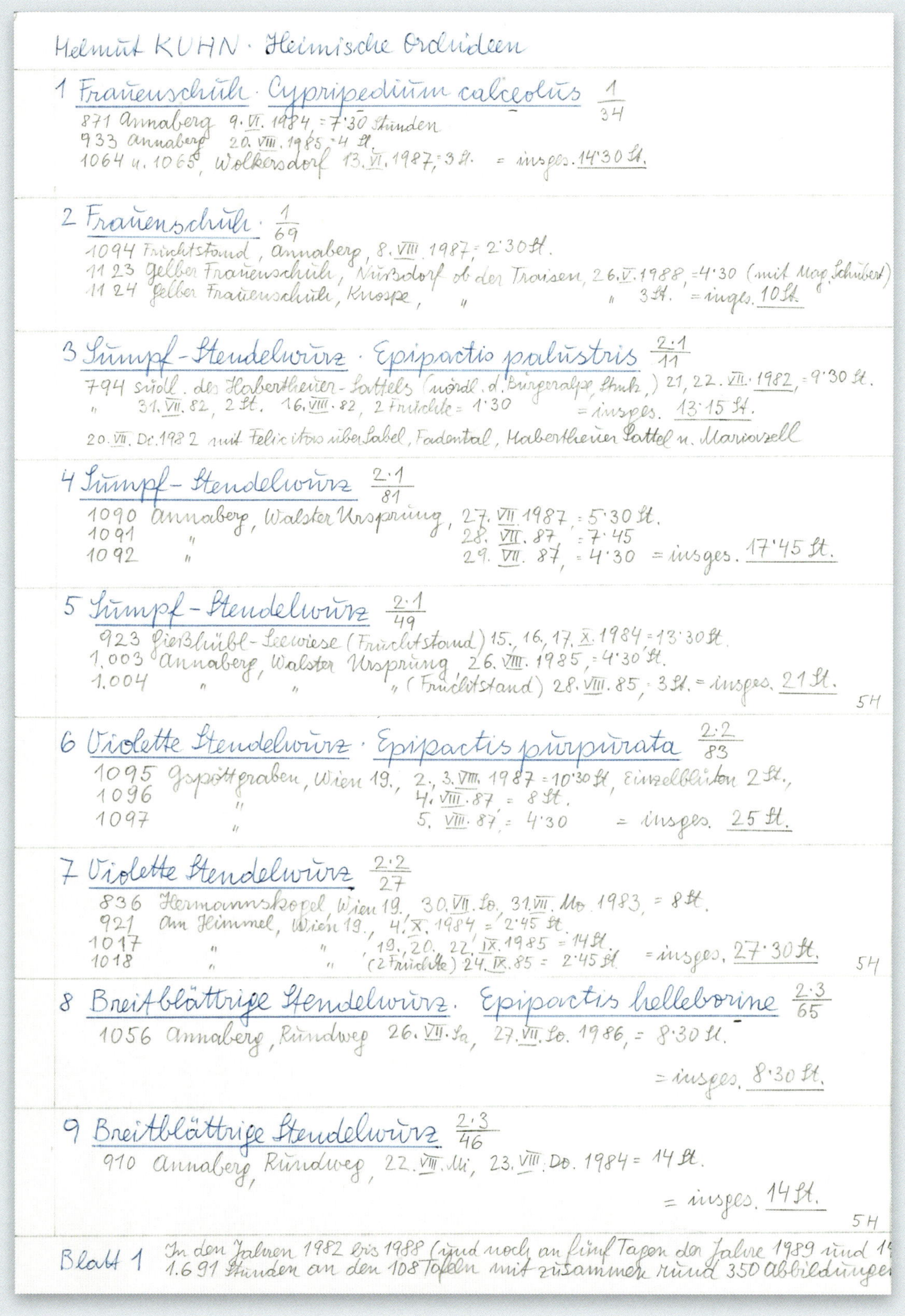

Helmut KUHN · Heimische Orchideen

1 Frauenschuh · Cypripedium calceolus 1/34
871 Annaberg 9. VI. 1984, = 7'30 Stunden
933 Annaberg 20. VIII. 1985 = 4 St.
1064 u. 1065, Wolkersdorf 13. VI. 1987, = 3 St. = insges. 14'30 St.

2 Frauenschuh · 1/69
1094 Fruchtstand, Annaberg, 8. VIII. 1987, = 2'30 St.
1123 Gelber Frauenschuh, Nußdorf ob der Traisen, 26. V. 1988, = 4'30 (mit Mag. Schubert)
1124 Gelber Frauenschuh, Knospe, " " 3 St. = insges. 10 St.

3 Sumpf-Stendelwurz · Epipactis palustris 2:1/11
794 südl. des Habertheuer-Sattels (nördl. d. Bürgeralpe, Stmk.) 21, 22. VII. 1982, = 9'30 St.
" 31. VII. 82, 2 St. 16. VIII. 82, 2 Früchte = 1'30 = insges. 13'15 St.
20. VII. Do. 1982 mit Felicitas über Sabel, Fadental, Habertheuer Sattel u. Mariazell

4 Sumpf-Stendelwurz 2:1/81
1090 Annaberg, Walster Ursprung, 27. VII. 1987, = 5'30 St.
1091 " 28. VII. 87, = 7'45
1092 " 29. VII. 87, = 4'30 = insges. 17'45 St.

5 Sumpf-Stendelwurz 2:1/49
923 Gießhübl-Seewiese (Fruchtstand) 15., 16., 17. X. 1984 = 13'30 St.
1.003 Annaberg, Walster Ursprung 26. VIII. 1985, = 4'30 St.
1.004 " " " (Fruchtstand) 28. VIII. 85, = 3 St. = insges. 21 St.
5H

6 Violette Stendelwurz · Epipactis purpurata 2:2/83
1095 Gspöttgraben, Wien 19., 2., 3. VIII. 1987 = 10'30 St., Einzelblüten 2 St.,
1096 " 4. VIII. 87 = 8 St.
1097 " 5. VIII. 87, = 4'30 = insges. 25 St.

7 Violette Stendelwurz 2:2/27
836 Hermannskogel, Wien 19. 30. VII. So. 31. VII. Mo. 1983, = 8 St.
921 Am Himmel, Wien 19., 4. X. 1984 = 2'45 St.
1017 " " , 19., 20. 22. IX. 1985 = 14 St.
1018 " " (2 Früchte) 24. IX. 85 = 2'45 St. = insges. 27'30 St.
5H

8 Breitblättrige Stendelwurz. Epipactis helleborine 2:3/65
1056 Annaberg, Rundweg 26. VII. Sa, 27. VII. So. 1986, = 8'30 St.
= insges. 8'30 St.

9 Breitblättrige Stendelwurz 2:3/46
910 Annaberg, Rundweg, 22. VIII. Mi, 23. VIII. Do. 1984 = 14 St.
= insges. 14 St.
5H

Blatt 1 In den Jahren 1982 bis 1988 (und noch an fünf Tagen der Jahre 1989 und 1[illegible]
1.691 Stunden an den 108 Tafeln mit zusammen rund 350 Abbildungen

1

10 Breitblättrige Stendelwurz 2·3/44

900 Annaberg, 7. VIII. Di., 8. VIII. Mi. 1984 = 10 St. | 1052 Annaberg, 21. VII. Mo. 1986 = 3·15
901, 904, 905, 906 9. VIII. Do. 1984 = 4·15 St.
909, 22. VIII. Di. 1984 = 1 St.
= insges. 18·30 St. 5H

11 Breitblättrige Stendelwurz 2·3/12

795, Annaberg, Rundweg, 25. VII. So. 1982 = 5·30 St.
26. VII. Mo. 82 = 9·30 St.
15. VIII. So. 82 (Frucht) 0·45 = insges. 15·45 St. 5H

12 Breitblättrige Stendelwurz 2·3/51

924, Annaberg (Gscheid → Tiroler Kogel) 31. X., 2., 3., 4., 5. XI. 1984 = 18 St.
1.007 Annaberg, Rundweg, 29. VIII. 1985, = 3·45 St.
= insges. 21·45 5H

13 Breitblättrige Stendelwurz 2·3/50

928 Annaberg, Forststraße Ahornberg, 27., 28., 29., 30. X. 1984 = insges. 14·30
oben um −8 cm = 7 Früchte gekürzt
unten um −2 cm = 1 Frucht gekürzt. 5H

14 Kleinblättrige Stendelwurz · Epipactis microphylla 2·4/5

783 Hermannskogel, Wien 19. 3. VII. Sa. 1982 = 3·30 St.
975 Eiserne Hand, Schimanko-Villa, Wien 19., 27. VI. 1985, = 7 St. = insges. 18·30
976 " " " 1. VII. 85 = 3·45 St.
1016 " " " 12., 15. IX. 85 = 4·15 St.

15 Braunrote Stendelwurz. Epipactis atrorubens 2·5/10

793 Annaberg 19. VII. Mo. 1982, = 8·45 St.
1055 Walster Ursprung, 24. VII. 1986 = 4·45 St.
= insges. 13·30

16 Braunrote Stendelwurz 2·5/82

1093 Annaberg, Walster Ursprung, 30. 31. VII. 1987 = insges. 13 St.

17 Müllers Stendelwurz, Epipactis muelleri 2·6/106 — Elbe-Stendelwurz Epipactis albensis 2·7/106

1158 Wildenstein, Südkärnten 21., 22. VII. 1988 = 14·30 ← unten um 4 cm gekürzt., m. Mag. Schubert.
1160, Gaaden, N.Ö., 2. VIII. 88 = 3 St.
1161 " 7. VIII. 88 = 2·15 m. Hr. Vöth u. Hr. Schubert = insges. 19·45

18 Schmallippige Stendelwurz · Epipactis leptochila 2.8/105

1157 Wieting = südlich von Mühlen, 15., 16. VII. 1988 = 9·30 St.
SW des Zirbitzkogels mit Mag. Schubert
an der steir./kärntn. Grenze = insges. 9·30

91) arbeitete sich an 336 Tagen insgesamt — Blatt 1–18 = insges. 296 St.

Helmut KUHN · Heimische Orchideen

19 Bleiches Waldvögelein · Cephalantera damasonium 3·1/59
974 Schneeberg, Hengst, 28. VI. 1985 = 5·45 St.
1066 Wolkersdorf, Würzelstock, 5. VI. 1987 = 3 St.
1070 " 5. VI. 1987 = 4 St. = insges. 12·45 St.
6H

20 Bleiches Waldvögelein 3·1/28
844 Breite Föhre / Mödling, Fruchtstand, 20. VIII. Sa. 1983 = 4·30 St.
913 Mödling, Föhrenhof, 31. VIII. Fr. 1984 = 5·30 St.
= insges. 10 St.
5H

21 Langblättriges Waldvögelein · Cephalantera longifolia 3·2/64
1023 A u. B. Lobau, 10. V. So, 1986 = 5·45 St.
1028 Perchtoldsdorfer Heide, Gießhübel 14. V. Mi. 86 = 4 St.
1029 " (Würzelstock) 16. V. Fr. 86 = 5·30 St.
1043 Baden, Helenental (Blüten - Knospen) 20. V. 86 = 3·45 St. = insges. 19 St.

22 Langblättriges Waldvögelein 3·2/4
780 Bisamberg, Lanaberg, Fruchtstand, 1. VII Do, 1982, 4. VII. So 1982 = 6·30
911 Annaberg, Frucht 31. VIII 84 = 2·15 St.
926 " Fruchtstand, 6. XI. 1984 = 5·45 St. = insges. 14·30 St.
6H

23 Rotes Waldvögelein · Cephalantera rubra 3·3/2
776 Leopoldsberg, Wien 19., (15-blütig) 19. VI. Sa, 20. VI. So, 1982 = 7·45 St.
(Weg nach Klosterneuburg)
= insges. 7·45 St.

24 Rotes Waldvögelein 3·3/80
1089 Annaberg, Gscheid 23. VII. 1987 = 9·15 St.
insges. 9·15 St.

25 Violetter Dingel · Limodorum abortivum 4/1 = 1. Blatt
775 A u. B Sooß, von Prof. Dr. Karl Jelisic, 10. VI. Do. 1982 = 5 St., 4 VII. So 1982 = 1·45 St.
847 Mödling, Gold. Stiege ... 1983, 3 St.
1050 A u. B. " (Fruchtstand) 25. VI. 1986 = 4·15 St.
1060 Hocheppan - Südtirol (Einzelfrucht) 17. VIII. 1986 = 2 St. = insges. = 16 St.
5H, 6H

26 Violetter Dingel 4/17
809 A Soosser Wald, 2. VI. Do, 3. VI. Fr. 1983 = 6·30 St. (mit Felicitas)
809 B " 11. VI. 83, 2·45 St.
879 " 21. VI. 1984 = 4 St. = insges. = 13·15
6H

27 Violetter Dingel 4/84
1098 Mödling, goldene Stiege → .. Fruchtstand, 7. u. 8. VIII. 1987 = 9·30 St.
1131 Gainfarn, 10. VI. 1988 = 4·30 St.
= insges. = 14 St.

Blatt 2

28 Widerbart · Epipogium aphyllum 5/85
1.100 St. Lambrecht, Kalkberg, Stmk. 21. VIII. 1987 = 3·30 (Standort-Info v. Mag. B. Schubert)
1.101 " " 21. VIII. 87 = 2·45 St.
1.102 Seeberg-Sattel, Stmk. " 23. VIII 87 = 3 St. (mit Hr. Nassion) = insges. 12 St
1.165 St. Lambrecht, Kalkberg, 9. VIII. 88 = 3 St. (mit Mag. B. Schubert u. Hr. Vöth)

29 Nestwurz · Neottia nidus-avis 6/70
1074 Parapluiberg, Perchtoldsdorf 11. u. 12. VI. 1987 = 6·45 St
1081 Mariazell, Grünau, Einzelblüte, 27. VI 87 = 1 St.
1171 Baden, Jägerhaus, 17. VI 1991 = 5·30 St. = insges. 13·15 St

30 Nestwurz 6/47
846 Mödling, Breite Föhre, Fruchtstand 6. IX. Do u. 14. IX. Fr. 1984 = 8 St. = insges. 25·30 St
912 Annaberg, Fruchtstand, 28. VIII. Di 29. VIII. Mi 1984 = 7·30 St
945 Hermannskogel, Wien 19., 24. V. 85 = 4 St · 1030 Gießhübl 15. V 86 = 3·30
1045 Annaberg, 5. VI. 1986 = 2·30

31 Großes Zweiblatt · Listera ovata 7·1/39
890 Annaberg, Oberstall-Schafkogel 13. u. 14. VII. 1984 = 12 St., (Blütenstand um 6 cm gekürzt)
992 Annaberg, Gunsel, Fruchtstand, 28. u. 29. VII. 1985 = 8·45
1008 Annaberg, 30., 31., VIII., 2. IX. 1985 = 9 St = insges. 29·45 St

32 Herzblättriges Zweiblatt · Listera cordata 7·2/101
1147 Rauris → Kolm-Saigurn, Salzbg. 5. VII 1988, 2 St. (mit Mag. B. Schubert u. Hr. Nassion)
1148 " " 23. VII. Sa. 88, 2·30 St.
= insges. 4·30 St.

33 Sommer-Wendelorchis · Spiranthes aestivalis 8·1/103
1152 Grabensee, NW Ufer, Salzbg. 10. VII. So 88, 4 St. (mit Mag. B. Schubert)
1152 A " 16. VII. Sa 88, 3·45
1152 B " 2·15 = insges. 10 St

34 Herbst-Wendelorchis · Spiranthes spiralis 8·2/48
916, 917, 918 } Lobau, Hubertusdamm, Wien 18., 19., 20. IX. 1984 = insg. 11 St.
(Standort-Inform. von Dr. Geisler)
54

35 Kriechendes Netzblatt · Goodyera repens 9/66
1057 Mödling, 28. VII. Mo. 86 7·30 St. (mit Herrn Vöth) u. 1058
1061 Ritten, bei Bozen, Gunglwald, gef. 10. VIII., gez. 14. u. 16. VIII. 1986, = 7 St. = insges. 16·30
1059 " " Signater Wald, gef. 4. VIII., gez. 22. VIII. 86 = 2 St.
(mit Felicitas, Christian u. Familie in Südtirol)

36 Einknolle, Herminie · Herminium monorchis 10/102
1149 Rauris → Gasthaus Bodenhaus 6. VII. Mi 1988, = 2·30 St.
1150 " " " 5. VIII. Fr. 88, = 3·15 St
(mit Mag. Schubert u. Hr. Nassion) = insges. 5·45

Blatt 19–36 = insges. 244·45 St.

Helmut KUHN · Heimische Orchideen

37 Waldhyazinthe · Platanthera bifolia 11·1 / 8

805 Soosser Wald 29. V. 1983 = 8 St.
914 Mödling-Föhrenhof Fruchtstand, 4. IX Di. 1984 = 4·15
1014 Annaberg, 9. IX. 1985 = 2·30
797 Einzelblüte 15. VII. Do 1982 = 0·45
insges. = 15·30 St. 5H

38 Waldhyazinthe 11·1 / 94

1132 Gainfarn-Sooß 8. u. 9. VI. 1988 = 17·30 St.
1134 St. Pölten-Schnabling, 13. VI. 1988 = 6·30 (Blüten ohne Sporn)
(mit Mag. B. Schubert u. Hr. Nassion)
insges. = 24 St.

39 Grünliche Waldhyazinthe · Platanthera chlorantha · 11·2 / 26

827 Annaberg-Weg zum Wastl am Wald 17. VII. So u. 18. VII. Mo. 1983 = 9·30 St.
884 Henesteck, Weg zum Henestbauern, 9. VII. Mo 1984 = 8·45 St. (gesamthöhe des Blütenstandes um 5 cm gekürzt)
884A Frucht 2. VIII. 84 = 2·30
insges. = 20·45

40 Zwerg-Knabenkraut · Chamorchis alpina 12·1 / 63

995 Rax, Klobentörl, 2. VIII. 1985 = 3·15 St.
996 " 2. VIII. 85 = 3·30 St.
997 " 6. VIII. 85 = 4 St.
insges. = 10·45 St.

41 Grüne Hohlzunge · Coeloglossum viride 13 / 24 insges. = 27·15

830 Annaberg / Büchler Alpe, 14. VII. Do. 83 = 5·15
883 " , Oberstall 8. VII. So. 1984 = 5 St.
963 Zinkenbach, Bleckwand, Salzbg. 16. VI. 85 = 3·30
991 Annaberg, Gscheid 8. VIII 85 = 6 St.
1013 Annaberg Rundweg, 3. u. 4. IX. 85 = 6 St.
1144 Tauplitz-Traweng. 30. VI. 88 = 1·30
(mit Fam. Mag. Schubert)
5H

42 Weiße Höswurz · Leucorchis albida 14 / 38 insges. = 34·45

885 Annaberg Gscheid → Tiroler Kogel 10. VII. Di 84 = 3·45
889 Gemeindealpe, 12. VII. Do. 1984 3·45 St.
902 Annaberg Fruchtstand 12. VIII. So. 84 4 St.
964 Zinkenbach, Bleckwand, Salzbg. 18. VI. 85, 7·30
994 Rax, Höllental Ausg. 13. VIII. 1985, 4·15 St.
999 Rax, Trinkstein-Sat., 3. VIII. 85, 3·45 St.
1000 " " 3. VIII. 85, 2 St.
1012 Annaberg 10, 13. IX. 85 5·45 St.
5H

43 Mücken-Händelwurz · Gymnadenia conopsea 15·1 / 20

818 Annaberg Rundweg 3. VII. So, 4. VII. Mo. 83 = 10 St.
985 u. 986 Einzelblüten Annaberg 1·15 St. 1985
1005 u. 1006 Annaberg Walster Ursprung 27. VIII. 1985, 4 St.
1051 Annaberg 18. u. 19. VII. 1986 = 7 St.!
insges. = 22·15

44 Mücken-Händelwurz 15·1 / 41 in Y-Form

896 Annaberg, Rundweg, bei Abzweig. zum Walster Urspr. 21. VII Sa, 22. So, 23. Mo, 24. Di VII. 1984 = 23 St.
971 Schneeberg, in der Nähe des ehem. Baumgartnerhauses, vierteilig 30. VI. 1985, = 4·45 St.
insges. = 27·45 5H

45 Mücken-Händelwurz × 15·1 / 40

892 Annaberg / Reith 17. Di, 18. Mi, 19. VII. Do. 1984 = 17 St.
insges. 17 St.
5H

Blatt 3

3

46 **Mücken-Händelwurz** 15·1/23

828 Annaberg, Reidl, weißblühend, 12.VII. Di, 1983 = 4·30 St.
908 Annaberg, Fruchtstand 13. Mo., 14. Di, 15. VIII. 1984 = 17 St. (135 Früchte)
973 Schneeberg, Hengst, weißblühend, 29.VI. 1985 = 6·30 St. insges. = 28 St. 5H

47 **Mücken-Händelwurz** 15·1/76

1085 Rax, Klobentörl, 10. VII. 1987 = 6·30 St.

insges. = 6·30 St.

48 **Wohlriechende Händelwurz · Gymnadenia odoratissima** 15·2/25

832 Annaberg-Scheiblingstein, 16. VII. 1983 = 6·30 St.
983 Annaberg-Walster, Haberthauer Sattel 19., 21. VII. 1985, 12 St. (mit Felicitas)
1054 Annaberg, Walster-Ursprung, 23. u. 24. VII. 1986 = 5·30 St.: insges. = 24 St. 5H

49 **Schwarzes Kohlröschen · Nigritella nigra** 16·1/61

980 Zinkenbach-Bleckwand, Niedergadenalm, Salzb. 15. VII. 1985 = 4·30 St.

insges. = 4·30 St.

50 **Rotes Kohlröschen · Nigritella rubra** = 16·2/75 • **Steineralpen-Kohlr. N. lithopolitanica** = 16·6/75

1084 Rax, Klobentörl, 9. VII. 1987 = 5·30 St. • 1159 Hochobir, Südkärnten 21. VII. 1988, 4 St. (mit Mag. Schubert)
insges. = 9·30 St.

51 **Schw. Kohlr. Farbvar. • Erzherz. Johann Kohlr. • Steirisches Kohlr.**
Nigritella nigra 16·1/74 ↓ insges. = 13 St. • **Nigr. archiducis joannis** 16·3/74 ↓ (mit Mag. Schubert) • **Nigrit. stiriaca** 16·4/74 ↓ (m. Mag. Schubert)
1083 Rax, Klobentörl, 9. VII 87 = 5·30 St. • 1143 Tauplitz, Traweng 30. VI 88 = 3 St. • Schafberg 8. VII 88 4·30 St.

52 **Holunder-Knabenkraut · Dactylorhiza sambucina** 17·1/32

868 Annaberg, Weißes Kreuz, 6. VI. 1984 = 7·30 (rot)
869 " " " 7. VI. 84 = 5·30 (gelb)
887 " " (Fruchtstand) rot 24. VII. 84 = 5 St. insges. = 18 St. 5H

53 **Holunder-Knabenkraut** · 17·1/68

1071 Muckenkogel (= südl. v. Lilienfeld) 7. u. 8. VI. 1987, 8·30 (gelb)
1076 Türnitzer Högen, 17. VI. 1987, 7·45 (rot)
1077 Türnitzer Högen, 22. VI. 1987, 3 St. insges. = 19·15 St.

54 **Breitblättriges Knabenkraut · Dactylorhiza majalis** 17·2/36

881 Annaberg, 23. VI Sa 1984, = 10 St.

insges. = 10 St.

Blatt 37–54 = insges. 333 St.

Helmut KUHN · Heimische Orchideen

55 Breitblättriges Knabenkraut 17·2/33

870 Annaberg, Günsel, 8. VI. 5·30, 10. VI. Sa. 1984 = 3·45 = 9·15

insges. = 9·15 St.

54

56 Breitblättriges Knabenkraut 17·2/42

888 Annaberg, Fadenthal 26. VII Do., 27. VII. Fr. 1984 = 13 St. · 1010 Walster Urspr. 2. IX. 85 = 1 St.
990 " 4. u. 5. VIII. 1985 = 12 St. 1.009 " (Fruchtstand) 5. VI. 85 = 4·30 St.
1.009 " , Walster Ursprung 1. IX. 1985 = 3·45 St. insges. = 34·15 St.

54

57 Fleischfarbenes Knabenkraut · Strohgelbes Knabenkraut 17·3A, 17·3B/67
Dactylorhiza incarnata Dact. incarn. ssp. ochroleuca
1068 Moosbrunn (= östl. v. Traiskirchen, südl. v. Schwechat) 2. u. 3. VI. 1987 = 8 St.
1069 " (Strohgelbes Kn. Kr.) 1. 2. 3. VI. 1987 = 7·30 + 2 St. insges. = 20·30 St.
1154 N-Rand von Obertrumer See, Salzbg., Fruchtstand 12. VII. 88, = 3 St. (mit Mag. Schubert)

58 Fleischfarbenes Knabenkraut (Farbvarianten) 17·3A/73
1082 Zinkenbach-Strobl, Blinklinger Moos, 6. u. 7. VII. 1987 = 15·30 St.
1119 Moosbrunn, 24. V. 1988 = 7·45 (mit Mag. Schubert)
1126 " 27. V. 1988 = 3·30 insges. = 26·45 St.

59 Fleischfarbenes Knabenkraut · u. Dact. incarn. var. hyphaematodes 17·3A·3C · 93
1128 Moosbrunn 2. VI. 1988 = 7 St. (mit Mag. Schubert)
1151 Althofener Moos · Lungau: var. hyphaematodes, 6. VII. Mi. 1988, 4 St. (mit Mag. Schubert
1153 N-Rand von Obertrumer See, Salzbg., 11. u. 12. VII. 88 = 13 St. u. Hr. Vöth)
insges. = 24 St.

60 Fleischfarbenes Knabenkraut Dact. incarn. var. macrophylla 17·3A/91
1125 Moosbrunn, 28. 29. 30. V. 1988 = 18 St.
1120 " ca 1·30 insges. = 19·30 St.

61 Lappländisches Knabenkraut · Dactylorhiza lapponica 17·4/62
984 Annaberg, Walster Ursprung, 20. VII. 1985 = 7 St.

insges. = 7 St.

62 Lappländisches Knabenkraut 17·4/97
1139 Globasnitz, Südkärnten, 22. VI. 1988 3·30 u. 1 St. (mit Mag. Schubert
1140 Zellpfarre " 20. VI. 88 = 10 St. und Hr. Nassion)
insges. = 14·30 St.

63 Blutrotes Knabenkraut · Dactylorhiza cruenta 17·5/104
1156 Matrei, Hinteregg, Alm. Osttirol 9. VII. Sa 1988 = 8 St. (m. Mag. Schubert)

insges. = 8 St.

Blatt 4

64 Traunsteiners Knabenkraut · Dactylorhiza traunsteineri 17.6/99
1146 Zeller See, Südostufer, Feuchtgebiet 5.VII.1988 = 4·45 St.
(mit Mag. Schubert, Ehepaar Nassion, Fr. Vötter u.a.)
insges. = 4·45 St.

65 Geflecktes Knabenkraut · Dactylorhiza maculata 17.7A/6
788 Annaberg, Rundweg, 11.VII.So u. 12.VII.Mo. 1982 = 12·45 St. 64
• Erste Zeichnung in Annaberg
in der Reihe „Heimische Orchideen" insges: 12·45 St.

66 Geflecktes Knabenkraut 17·7A/56
958 Ziegenfeld 5.VI.85 = 5·30 St.
981 Annaberg, Rundweg 16.VII.85 = 2·30 St.
982 Annaberg, Weißes Kreuz 17.VII.85 = 6·45 St. insges. = 14·45 St.

67 Geflecktes Knabenkraut 17·7A/78
1087 Annaberg, Walster Ursprung / In der Rinn, 18.u.19.VII.1987 = 17·30 St.
insges. = 17·30 St.

68 Geflecktes Knabenkraut · Dact. mac. „Fuchsii-Typ" ssp. meyeri
1141 Windisch-Bleiberg, Südkärnten 21.VI.1988 = 10·45 St. 17·7B/98
1142 " " Einzelblüte " 1 St.
(mit Mag. Schubert u. Hr. Nassion) insges. = 11·45 St.

69 Geflecktes Knabenkraut. Dact. mac. „Fuchsii-Typ" ssp. meyeri 17·7B/71
1078 Türnitzer Högen, 18.VI.1987 = 8
1080 Mariazell Grünau 27.VI.87 = 4·30
(Stengel nicht hohl, Laubblätter gefleckt. insges. = 12·30 St.

70 Geflecktes Knabenkraut. 17.7B/79
1088 Annaberg, Walster Ursprung, 20.VII.1987 = 7·15
insges. = 7·15 St.

71 Geflecktes Knabenkraut 17.7/60 Blüten ohne Sporn
977 Mitterbach / Stausee 5.VII.1985 = 5 St.
insges. = 5 St. 54

72 Geflecktes Knabenkraut 17·7/77 Blütenform!
1086 Annaberg, Walster Ursprung 11.VII.1987 = 4·30 St.
insges. = 4·30 St.

Blatt 55–72 = insges. 254·30 St.

Helmut KUHN · Heimische Orchideen

73 Kugel-Knabenkraut · Traunsteinera globosa 18/21

820 Annaberg, Schmelz Sabel 1.055 m · 7. VII. Do. 1983 = 6 St.
831 " , Büchler Alpe, 19. VII. Di. 1983 = 4·45 St.
1047 " , Straße zum Ahornkogel, 4. VI. 1986 = 3·30 St. · insges. = 14·15 5H

74 Wanzen-Knabenkraut · Orchis coriophora 19.1/54

946 A Lobau / Roter Hiasl, 24. V. 1985 = 4 St.
946 B " " , 26. V. 85 = 4·30
955 Lobau, Dechantlacke 30. u. 31. V. 1985 = 7·30 St.
967 Illmitz, Zicklacke, Bgld., 22. VI. 1985 = 5·30 St. (m. Christian) insges. = 21·30

75 Wanzen-Knabenkraut 19.1/89

1.114 A Lobau 19. V. 1988 = 6·30
1.114 B " (aufblühend) 22. V. 88 = 3·30
1.115 " 1·30
1.130 Podersdorf, Weiden, Bgld. 4. VI. 88 = 4 (mit Mag. Schubert) insges. = 15·30

76 Sumpf-Knabenkraut · Orchis palustris 19.2/58

965 Illmitz, Bgld. 17. VI. 1985 = 7 St. (m. Christian)
966 " " (Fruchtstand) 18. VI. 85 = 3·30 (") · 1117 Moosbrunn 20. V. 88 = 0·30 (m. Mag. Schubert)
1049 A " " 8. u. 9. VI. 1986 = 10·30 St. (m. Christian)
1049 B " " Einzelblüte = 9. VI. 86 = 1·15 St. (") insges. = 23·45

77 Sumpf-Knabenkraut · Rosa Variante 19.2/92

1127 Moosbrunn (östl. v. Traiskirchen, südl. v. Schwechat) 1. VI. 1988 = 8 St.
(mit Mag. Schubert)
insges. = 8 St.

78 Manns-Knabenkraut · Orchis mascula 19.3/31

866 Annaberg, Oberstall, 4. VI. 84 = 9·30, 5. VI = 3·30, 10. VI = 1
insges. = 14 St. 5H

79 Manns-Knabenkraut 19.3/88

1.109 Dörfl-Nöstach, 14. V. Sa. 1988 = 6·30 (mit Prof. Dr. K. Jelusic u. Felicitas)
(= NÖ vom Hafnerberg u. SW von Alland)
insges. = 6·30

80 Manns-Knabenkraut 19.3/37

882 Annaberg, Fruchtstand, 24., 25., 26. VI. 1984 = 9·30 St.
1044 Baden, Helenental, Einzelblüte 21. V. 1986 = 1·45 St.
1048 Annaberg, 6. VI. 1986 = 4 St. insges. = 15·15 5H

81 Blasses Knabenkraut · Orchis pallens

1.106 Wasser-Gspreng, 30. IV. 1988 = 6·30 St. · 1.108 Kugelwiese bei Gießhübl 5. VI. 88 = 1·45
1.107 " " 1. V. 88 = 5 St. (m. Mag. Schubert)
1.097 Baden, Einöde, Fruchtstand, 3. V. 88 = 3·15 St. insges. = 16·30

Blatt 5

82 Blasses Knabenkraut · Orchis pallens 19·4/53
943 Perchtoldsdorfer Heide (Wald) 21.V.1985 = 4·15 St.
944 " " 21.VI.85 = 5·30 St.
1075 Türnitzer Höger 16.VI.1987 = 6·30 St insges. = 16·15 5H

83 Spitzels Knabenkraut · Orchis spitzelii 19·5/100
1145 Hinterthal-Ensenalm (W vom Hochkönig Salzbg.) 5.VII.1988 = 8 St
Frucht 18.VII.88 = 3 St
(mit Mag. Schubert, Ehepaar Nassiou, Hr. Vötl u.a.) insges. = 11 St.

84 Kleines Knabenkraut · Orchis morio 19·6/52
932–937 Lobau, 938 Schönau-Hubertusdamm, 15., 16., 17., 18.V.1985 = 21 St.
947 Lobau-Roter Hiasl 0·45
1021, 1022, 1024, 1025 Lobau, 11.V.1986 = 3·15 insges. = 25 St. 5H

85 Dreizähniges Knabenkraut · Orchis tridentata 19·7/55
957 Siegenfeld 2.VI.1985 = 4 (mit Christian)
1062 Markt Piesting, Südhang A u. B = 29. u. 31.V.1987 = 10 St (von Sekt. Chef. Mag. Wollem)
1062C Einzelfrucht 27.VI.1987 = 0·30 insges. = 14·30 St.

86 Purpur-Knabenkraut · Orchis purpurea 19·8/16
802 Leopoldsberg, Nasenweg, Wien 19, 22.V. u. 23.V.1983 Pfingsten = 11 St.
930A " " 14.V.1985 = 5·30 St.
930B " " 20.V.85 = 6 St. insges. = 22·30 St. 5H

87 Purpur-Knabenkraut 19·8/18
807 Leopoldsberg, Nasenweg, Wien 19, 5.VI. So, 10.VI. Fr. 1983 = 11 St.
840 " 24.IX. Sa, 1983 = 5·30 St.
1019 " 8.V.1986 = 3·30 St. insges. = 20 St. 5H

88 Helm-Knabenkraut · Orchis militaris 19·9/35
878 Annaberg, 18. u. 19.VI.1984 = 14·30 St. (68 Blüten)
insges. = 14·30 St 5H

89 Helm-Knabenkraut 19·9/13
799 Eichkogel (bei Guntramsdorf) 12.V.1983 = 8 St.
insges. = 8 St.

90 Helm-Knabenkraut 19·9/45
903 Annaberg Fruchtstand 10.VIII. Fr. 1984 = 6 St. · 1031–1039 Lobau 18. u. 19.V.86 = 7·30 St.
959 Lobau, Roter Hiasl, Fruchtstand 10.VI.85 = 7 St.
1026, 1027 Lobau, 11.V.86 = 2·30 St. insges. = 23 St.

Blatt 73–90 = insges. 290 St

Helmut KUHN · Heimische Orchideen

91 Helm-Knabenkraut 19·9/87

1.111 Lobau, Roter Hiasl 13.V. 1988 = 5·30 St
1.112 " " 15.V. 88 5 St.
insges. = 10·30 St

92 Brand-Knabenkraut · Orchis ustulata 19·10/14

800 Eichkogel (bei Gumpoldskirchen) 13.V. Fr. 83 = 4·30 St.
862 Perchtoldsdorfer Heide 23.V. Mi. 1984 = 4 St. • 1040–1042 Lobau, Hubertusdamm 19.V.86 = 1·15
949 Lobau, Hubertusdamm 25.V. 85 = 11 St.
950 " " 27.V. 85 = 4·45 St.
insges. = 25·30 St.

93 Brand-Knabenkraut 19·10/90

1116 Lobau, Hubertusdamm, Blütenstand, 21.V.1988 = 7·45
" " Blattrosette, 22.V.88 = 3
insges. = 10·45

94 Pyramidenorchis · Anacamptis pyramidalis 20·/9

792 Annaberg-Rundweg 16.VII. Fr. 82 = 5·30 St.
891 " gscheid → Tir. Kogel 15.VII. So. 84 = 5
907 " " Fruchtstand 11.VIII. So. 84 = 5·15 St.
988 " Rundweg 27.VII. 1985 = 6·45 St.
insges. = 22·30
5H

95 Adriatische Riemenzunge · Himantoglossum adriaticum 21/3

778 Bisamberg / Lanaberg, 26.VI Sa, 27.VI. So 1982 = 14 St.
insges. = 14 St.
6H

96 Adriatische Riemenzunge weißblühend · (Him. adri. albiflorum VÖTH) 21/96

1138 Wildgrube, Wien 19. (Nähe von Kahlenbergerstraße 141) 16. u. 17. VI. 1988 = 13 St
Am 19.VI. Mi. 88 suchte ich das Gebiet von Nußdorf bis zur Höhenstraße systematisch ab und fand um 20·15, die bisher in der Fachliteratur noch nicht erwähnte weißblühende Art.
insges. = 13 St.

97 Adriatische Riemenzunge 21/72

1079 Bisamberg-Lanaberg 20, 21. VI. 1987 = 13·30 St
1079 " " Einzelblüten 25.VI. 87 = 6·45 St.
insges. = 20·15 St.
5H

98 Adriatische Riemenzunge 21/43

899 Bisamberg (Fruchtstand, grün) 31. VII. Di, 1. VIII. Mi. 84 = 7·30 St.
841 Eiserne Hand, Wien 19., (Fruchtst. braun) 17., 24., 25. IX. 84 = 12 St.
968 20. VI. 85 = 4·15 St.
1166 Wildgrube, Wien 19., 16. VIII. 88 = 0·30 St
insges. = 24·15 St
5H

99 Bienen-Ragwurz · Ophrys apifera 22·1/57

960A Lobau, Roter Hiasl 7.VI. 1985 = 3·30 St (mit Dipl. Graph. Helga u. Dipl. Ing. Günther Flatter)
960B " " 9. VI. 85 = 3·15 St
960C " " 12. VI. 85 = 4 St.
insges. = 10·45 St.
5H

Blatt 6 Helmut Kuhn, Baden, 3. III. So. 1996

100 Bienen-Ragwurz 22·1 / 108

1168 Lobau, Roter Hiasl 10.VI Sa 1989 = 4·30 (mit Hr. Nassion)
1169A Perchtoldsdorfer Heide 19.VI. Mo 89 = 3·30 St. (Standort-Inf. v. Mag. Schubert
1169B " " (Fruchtstand) 20.VII. 89 = 2 St.
1172 " " 25.VI. 91 = 3·30
insges. = 13·30 St.

101 Fliegen-Ragwurz · Ophrys insectifera 22·2 / 19 insges. = 18·30

817 Annaberg, Rundweg · 19.VI. 83 = 5·30 St. · 1121 Loretto Steinbr. Bgld. 25.V. 88 2·30 St. (m. Schubert)
989 " " 31.VII. 85 = 4·15 St. · 1122 Wöllersdorf Steinbruch · Bastard Fliege/Spinne
1046 " " 14. u. 15.VI. 86 = 4 St. 26.V. 88 = 0·45 (m. Mag. Schubert)
1118 Gießhübl · Bastard Fliegen Ragw. / Hummel Ragw. 24.V. 88 = 1·30 (m. Mag. Schubert) 5H

102 Hummel-Ragwurz · Ophrys holosericea 22·3 / 29 insges. = 24 St.

860A Perchtoldsd. Heide 22.V. Di, 23.V. Mi 84 = 6 St. · 951 Percht. Heide 29.V. 85 = 4·30 St.
861 " 23.V. Mi. 84 = 3·30 St. · 954 Lobau Rot. H. 29.V. 85 = 1·30
860B " " 28.V. 1.VI. 84 = 5·30 St. · 1073 Bastard Hummel RW × Ophrys
942 " " (Fruchtst.) 29.V. 85 St. = 1·30 St. · bertolonii (von Sekt. Chef Wollein) 11.VI. 87 = 1·30

103 Spinnen-Ragwurz · Ophrys sphegodes 22·4 / 15

801 Leopoldsberg, Nasenweg, Wien 19, 14.V. Sa. 1983 = 5 St.
808 " " 11.VI. 83 = 3 St.
1020 " " 9.V. 86 = 5·30 St. insges. = 13·30 St.
5H u. 6H

104 Spinnen-Ragwurz 22·4 / 30

864 Leopoldsberg, Wien 19, 31.V. Do, 1.VI. Fr. 1984 = 5·45

insges. = 5·45 St.

105 Korallenwurz · Corallorrhiza trifida 23 / 7

789 Annaberg, Rundweg, 13.VII. Di 1982 = 4 St.
790A " " 18.VII. 82 = = 1·45 St.
790B " " 18.VIII. 82 = 1·30 St.
876 " " 20.VI. 84 = 2·30 St.
insges. = 9·45 St.

106 Glanzkraut · Liparis loeselii 24 / 95

1135A Irrsee (nördl. d. Ortes Mondsee, O.Ö.) 12.VI. 88 = 5 St. (m. Mag. Schubert
1135B " 14.VI 88 2·15 St.
1136 " 14.VI 88 2·30 St.
1137 " , Fruchtstand) 18.VII. 88 1·15 St.
insges. = 11 St.

107 Einblatt · Malaxis monophyllos 25 / 22

825 Annaberg, Rundweg Gscheid 8.VII. Fr., 10.VII. Sa = 6·45 St.
987 Annaberg, Büchleralpe 28.VII 85 = 0·36 · 1015 Annab. 23.IX. 85 = 4·45
1011A " Tal beim Henesteck 8.IX 85 = 2·30
1011B " " , Fruchtstand 7.IX 85 = 5·30
insges. = 20 St. 5H

108 Weichkraut · Hammarbya paludosa 26 / 107

1162 Schladming / Rohrmoos-Untertal 9.VIII. Mo. 1988 = 1·30
1163 " 10.VIII. 88 = 1·15 (mit Mag. Schubert u. Hr. Köhler)
1164 " 11.VIII. 88 = 3·30
insges. = 6·15 St.

Blatt 1–108 = insges. 1,691 St. Blatt 91–108 = insges. 272·45

HEIMISCHE ORCHIDEEN

große Serie 1982 – 1988

Frauenschuh – heiß geliebt,
achte, dass nicht einer
dir etwas in die Schuhe schiebt,
und nachher war es keiner.

1/34
1064
271
54
993
1065
1 Frauenschuh · Cypripedium calceolus

1/69
1.123
1094
1.124
2 Frauenschuh · Cypripedium calceolus

2·1
11
794
3 Sumpf-Stendelwurz · Epipactis palustris

2·1
81
1090
1091
1092
4 Sumpf-Stendelwurz · Epipactis palustris

2·1
49
1004
1003
1003
923
5 Sumpf-Stendelwurz · Epipactis palustris
SH

2:2
83
1095
1096
1097
6 Violette Stendelwurz · Epipactis purpurata

7 Violette Stendelwurz · Epipactis purpurata

Vom blauen Himmel fällt Blütenschnee,
gelb glänzt die Primel und grün der Klee.
Vom Tau befeuchtet sind Stein und Moos,
die Erde leuchtet noch schattenlos.

2·3
65

8 Breitblättrige Stendelwurz · *Epipactis helleborine*

2.3
46
910
9 Breitblättrige Stendelwurz - Epipactis helleborine
54

2:3
44
906
905
904
901
900
1052
10 Breitblättrige Stendelwurz · Epipactis helleborine
SH

2·3
12
7.95
11 Breitblättrige Stendelwurz · Epipactis helleborine

2:3
51.
1007
924
12 Breitblättrige Stendelwurz · Epipactis helleborine
5H

2·3
50
928
13 Breitblättrige Stendelwurz · Epipactis helleborine
54

14 Kleinblättrige Stendelwurz · Epipactis microphylla

2:5
10
1055
793
15 Braunrote Stendelwurz.
Epipactis atrorubens

2,5
82
1093
16 Braunrote Stendelwurz ?

2·6 2·7
106
1161
1158
1158
↓+4 cm
1160
17 Müllers Stendelwurz · Epipactis muelleri (1158) Elbe-Stendelwurz · Epipactis albensis (1160, 1161)

2·8
105
1157
18 Schmallippige Stendelwurz · Epipactis leptochilla

19 Bleiches Waldvögelein · Cephalantera damasonium 64

3·1
28
913
844
20 Bleiches Waldvögelein · Cephalantera damasonium
54

3·2
64
1028
1023 A
1043 A
1043 B
1023 B
1029
21 Langblättriges Waldvögelein · Cephalantera longifolia

22 Langblättriges Waldvögelein · Cephalantera longifolia

3·3
2
776
23 Rotes Waldvögelein · Cephalontera rubra
GH

3·3
80
1089
24 Rotes Waldvögelein · Cephalantera rubra

4/1
1050 A
1050 B
1060
775 A
6H
775 B
847
5H
25 Violetter Dingel · Limodorum abortivum

4/17
879
809 A
809 B
26 Violetter Dingel · Limodorum abortivum
GH

4
84
1131
1098
27 Violetter Dingel · Limodorum abortivum

5/85
1.100
1.101
1.102
1165
28 Widerbart · Epipogium aphyllum

6/70
1081
1074
1171
29 Nestwurz · Neottia nidus-avis

6/47
945
912
1045
1030
846
30 Nestwurz · Neottia nidus-avis
54

7·1
39
1008
1008
890
992
31 Großes Zweiblatt · Listera ovata
54

7·2
101
1148
1147
1148
32 Herzblättriges Zweiblatt · Listera cordata

8·1
103
1152 A
1152
1152 B
33 Sommer-Wendelorchis · Spiranthes aestivalis

8.2
48
916
917
918
34 Herbst-Wendelorchis · Spiranthes spiralis
SH

35 Kriechendes Netzblatt · Goodyera repens

10/102

36 Einknolle · Herminium monorchis

11·1
8
1014
791
805
641
914
54
37 Waldhyazinthe · Platanthera bifolia

11.1
94
1132
1134
38 Waldhyazinthe · Platanthera bifolia

11.2
26
884 A
884
827
39 Grünliche Waldhyazinthe · Platanthera chlorantha
5H

40 Zwerg-Knabenkraut · Chamorchis alpina

Erste Frühlingswärme zittert über grauer Erde,
es ist ein Tag, nach dem ich lange Heimweh haben werde …
alle Erdenschwere wird an dir vergehn
in des Frühlings fliedersüßem Atemwehn.

13/24
1144
1144
883
830
963
1013
991
41 Grüne Hohlzunge · Coeloglossum viride
54

14
38
1012
1012
845
289
999
1000
964
902
994
42 Weiße Höswurz · Leucorchis albida
34

15·1
20
1005
985
986
818
1051
43 Mücken-Händelwurz · Gymnadenia conopsea
1006

15.1
41
896
44 Mücken-Händelwurz · Gymnadenia conopsea
5H

15·1
40
892
45 Mücken-Händelwurz · Gymnadenia conopsea ×
SH

Überall ewig ist Gottes Sein,
unsterblich leuchtet sein Kleid.
Himmel und Erde ist Er allein,
sein Wunder – die Wirklichkeit.

46 Mücken-Händelwurz · Gymnadenia conopsea 5H

15.1
76
1085
47 Mücken-Händelwurz · Gymnadenia conopsea

48 Wohlriechende Händelwurz · Gymnadenia odoratissima 54

16.1
61
980
49 Schwarzes Kohlröschen · Nigritella nigra

50 Rotes Kohlröschen · Nigritella rubra (1084), Steineralpen Kohlröschen · Nigritella lithopolitanica

16·1, 16·3, 16·4
74
1143
1083
1155
51 Schwarzes Kohlröschen (Farbvar.) 1083,
Erzherzog Johann-Kohlröschen
Nigr. archiducis joannis
(1143) 16·3
Steir. Kohlröschen
Nigr. stiriaca
(1155) 16·4

52 Holunder-Knabenkraut · *Dactylorhiza sambucina* SH

53 Holunder-Knabenkraut · Dactylorhiza sambucina

17·2
36
881
54 Breitblättriges Knabenkraut · Dactylorhiza majalis
5 H

172
33
870
55 Breitblättriges Knabenkraut · Dactylorhiza majalis
54

56 Breitblättriges Knabenkraut · Dactylorhiza majalis

SH

17·3A, 3B
67
1068
1069
1154
1069
57 Fleischfarbenes Knabenkraut · Dactylorhiza incarnata (1068) · Strohgelb. Kn. Kr. Dact. ochroleuca

58 Fleischfarbenes Knabenkraut · Dactylorhiza incarnata u. Farb-Var.

17.3A/3C
93
1151
1153
1.128
59 Fleischfarb. Knabenkraut. Dact. incarnata (1128, 1153), Dact. incarn. var. hyphaematodes (1151)

60 Fleischfarbenes Knabenkraut · Dactylorhiza incarnata var. macrophylla

17.4
62
924
61 Lappländisches Knabenkraut · Dactylorhiza lapponica

62 Lappländisches Knabenkraut · Dactylorhiza lapponica

Ich geh im Föhrenwald – ein schriller Häherlaut
zum Himmel fliegt und ruft Erinnerung mir wach.
Die letzte Insel Schnee im warmen Märzwind taut,
was mir das Eis verschwieg, erzählt mir froh der Bach.

17·5
104
1156
63 Blutrotes Knabenkraut · Dactylorhiza cruenta

17.6
99
1146
64 Traunsteiners Knabenkraut · Dactylorhiza traunsteineri

17.7A
6
788
65 Geflecktes Knabenkraut · Dactylorhiza maculata
GH

17.7A
56
981
958
982
66 Geflecktes Knabenkraut · Dactylorhiza maculata

67 Geflecktes Knabenkraut · Dactylorhiza maculata

17·7B
98
1.142
1.141
68 Gefleckktes Knabenkraut, Dact. maculata „Fuchsii-Typ", ssp. meyeri

17.7B
71
1078
1080
69 Geflecktes Knabenkraut · Dact. maculata „Fuchsii-Typ", ssp. meyeri

17.7B
79

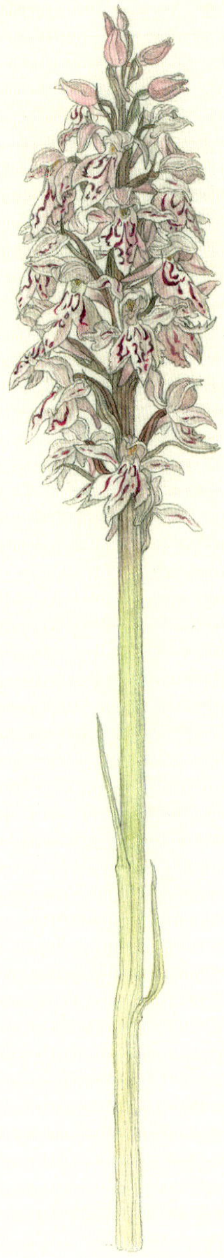

1088

70 gefleckte Knabenkraut, Dact. maculata, „Fuchsii-Typ", ssp. meyeri

17·7
60

977

71 Geflecktes Knabenkraut, Dact. maculata (Blüten ohne Sporn) 54

17.7
77
1086
72 Gefleckter Knabenkraut, Dact. maculata ? Blütenform !

18/21
1047
820
831
73 Kugel-Knabenkraut · Traunsteinera globosa
SH

19,1
54
946 B
946 A
955
74 Wanzen-Knabenkraut · Orchis coriophora
967

19-1
89
1.114B
1.130
1.115
1.114A
75 Wanzen-Knabenkraut · Orchis coriophora

19.2
58
1.117
1049 B
965
1049A
966
76 Sumpf-Knabenkraut. Orchis palustris

19.2
92
1.127
77 Sumpf-Knabenkraut · Orchis palustris

19.3
31
866
78 Manns-Knabenkraut · Orchis mascula
5H

19.3
88

1.109

79 Manns-Knabenkraut · Orchis mascula

19·3
37
1044
1048
882
80 Manns-Knabenkraut · Orchis mascula
5H

81 Blasses Knabenkraut · Orchis pallens

19.4
53
943
944
1075
82 Blasses Knabenkraut · Orchis pallens
SH

19.5
100
1145
83· Spitzels Knabenkraut · Orchis spitzelii

19.6
52
1025
1022
933
932
938
936
934
947
935
1021
1024
937
84 Kleines Knabenkraut · Orchis morio
54

19.7
55
1062 A
957
1062 C
1062 B
85 Dreizähniges Knabenkraut · Orchis tridentata
5 H

19.8
16
802
930 A
930 B
86 Purpur-Knabenkraut · Orchis purpurea
5H

19-8
18
1019
807
840
87 Purpur-Knabenkraut · Orchis purpurea
54

19.9
35
878
88 Helm-Knabenkraut · Orchis militaris
5H

19:9
13
799
89 Helm-Knabenkraut · Orchis militaris

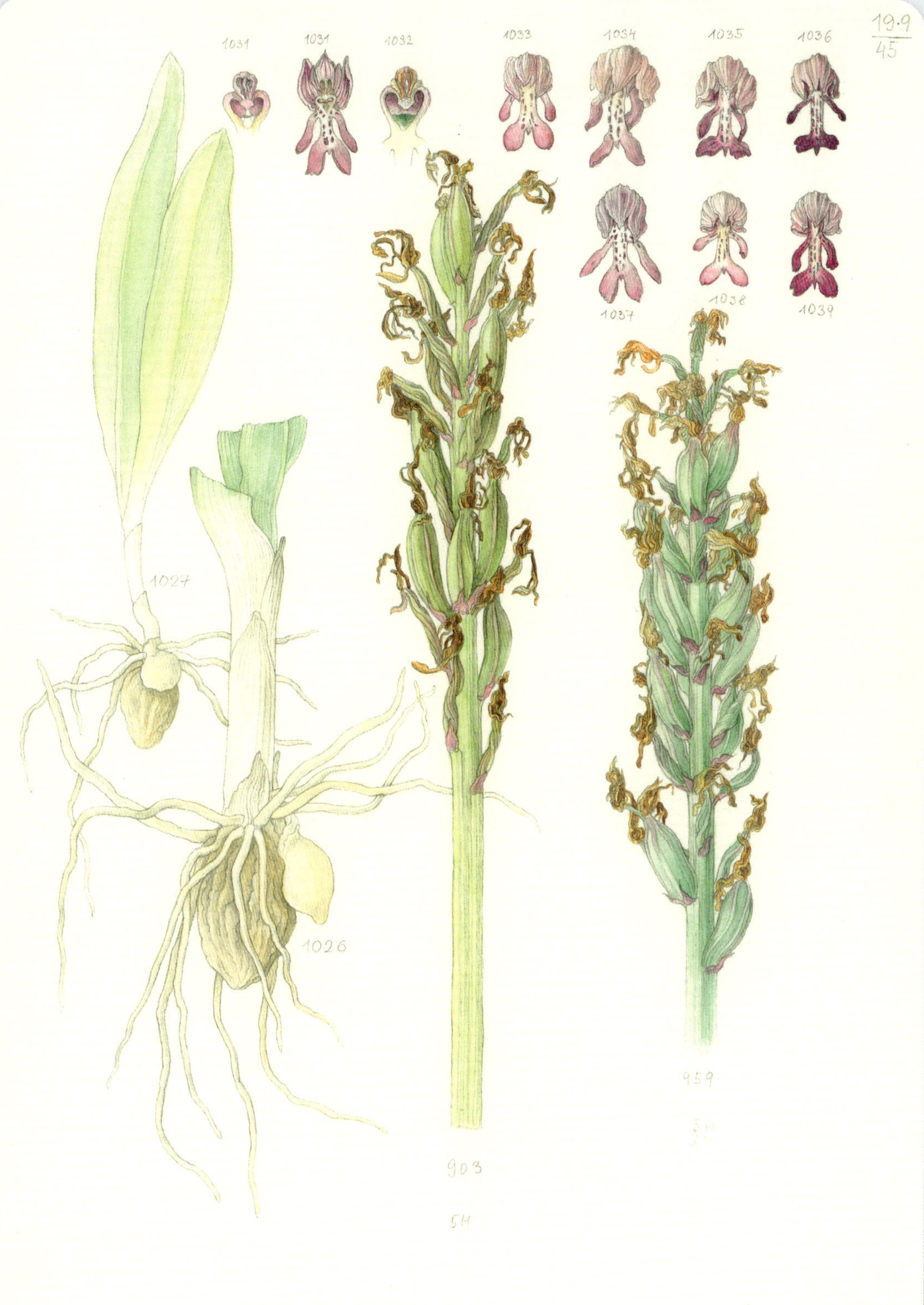

90 Helm-Knabenkraut · Orchis militaris

91 Helm-Knabenkraut · Orchis militaris

19.10
14
1040
1041
1042
862
950
800
949
92 Brand-Knabenkraut · Orchis ustulata

19.10
90

93 Brand-Knabenkraut · Orchis ustulata

20
9
988
891
907
792
94 Pyramidenorchis · Anacamptis pyramidalis
5H

95 Adriatische Riemenzunge · Himantoglossum adriaticum HK

96 Adriatische Riemenzunge · Himantoglossum adriaticum

21/72
1079
1079
97 Adriatische Riemenzunge · Himantoglossum adriaticum
SH

21
43
968
899
1166
841
98 Adriatische Riemenzunge · Himantoglossum adriaticum
SH

99 Bienen-Ragwurz · *Ophrys apifera*

22·1
108
1169 B
1168
1168
1169 A
1172
100 · Bienen-Ragwurz · Ophrys apifera

101 Fliegen-Ragwurz · Ophrys insectifera 1.118=Fliegen-R × Hummel-R, 1.122=Fliegen R × Spinnen-R.

22·3
29
861
954
860A
860B, 7 Blüten
942
951
1073
102 Hummel-Ragwurz · Ophrys holosericea, 954 =
1073 =

22.4
15
801
1020
808
103 Spinnen-Ragwurz · Ophrys sphegodes
5H, 6H,

22.4
30
864
104 Spinnenragwurz · Ophrys sphegodes
5H

23/7
789
876
790A
790B
105 Korallenwurz · Corallorrhiza trifida
54

24
95
1135 B
1136
1137
1135 A
106 Glanzkraut · Liparis loeselii

25
22
1011 B
1011 A
1015
825
987
107 Einblatt · Malaxis monophyllos
SH

108 Weichkraut · Hammarbya paludosa

HEIMISCHE ORCHIDEEN

kleine Serie 1976–1982

Ihr sucht den großen Gott?
Gott ist in Bergen groß,
doch Gott ist größer noch
in dem kleinsten Moos.

Familie Knabenkrautgewächse od. Orchideen · Orchidaceae
73. Bl.
Helm-Knaben-kraut
Kleines Knaben-kraut
Vogel-nestwurz
Langbl. Wald-vögelein
Großes Zweiblatt
599
610
606
605
773
609
615
Holunder-Knabenkraut
Dactylorhiza sambucina (L.)

Familie Knabenkrautgewächse od. Orchideen · Orchidaceae
74. Bl.
710
710
570
577
Kleines Knabenkraut
Orchis morio
642
594
Helm-Knabenkraut
Orchis militaris
578
Nestwurz
Neottia nidus-avis
HK

Familie Knabenkrautgewächse od. Orchideen · Orchidaceae
75.
597
Weißes Waldvöglein
Cephalanthera damasonium
632
724
Rotes Waldvöglein
Cephalanthera rubra
723
Langblättriges Waldvöglein
Cephalanthera longifolia
588
HK

Familie Knabenkrautgewächse od. Orchideen · Orchidaceae
739
19 cm
47 Blüten
543
718
636
707
Zwergorchis
Chamaeorchis
alpina
Großes Zweiblatt
Listera ovata

77.
598
616
620
623
625
622
694
695
772
730
Manns-Knabenkraut

772
680

79. Bl.
731
629
629
608
608
Frauenschuh
Cypripedium calceolus

80. Bl.
626
729
Schwarzes Kohlröschen
Nigritella nigra
721
695
626
729
Mücken-Händelwurz
Gymnadenia conopea
Wohl-riechende Händelwurz
Gymnadenia odoratissima
Brand-Knabenkraut
Orchis ustulata
725
736

81 Bl.
609
714
711
712
Geflecktes Knabenkraut
Dactylorhiza maculata
714
Kugel-Knabenkraut
Traunsteinera globosa

82. Bl.
606
716
639
719
732
Korallenwurz
Corallorhiza trifida
722
715
Einblatt-Orchis
Malaxis monophyllos
Weiße Höswurz
Leucorchis albida
Grüne Hohlzunge
Coeloglossum viride
Grüne Hohlzunge alpine Form
740

83,Bl.
616
616
13mm
Riemenzunge
Loroglossum hircinum
735
705

848l.
742
796
Braun-
rote
Stendel-
wurz
Epi-
pactis
atro-
rubens
727
638
742 A
B
C
720
737 A
737
782

Gattung Cymbidium
85. Bl.
666
2A
2.
2B
1

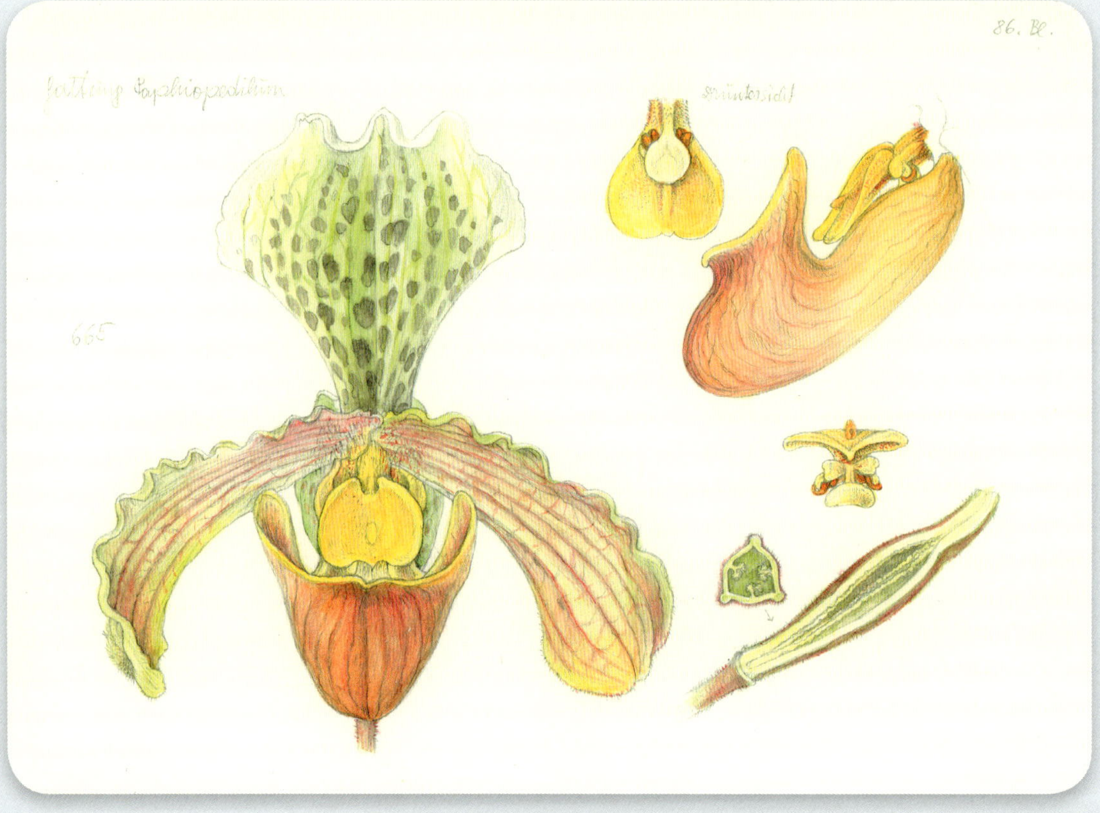
86. Bl.
665

Gattung
Oncidium
87. Blatt
758
760
670
54

Gattung Coelogyne
88. Bl.
671

89
674
Gattung
Phalaenopsis

Gattung Vanda ?
Vandaute
90.Bl.
675

Gattung Arachnanthe
91. Bl.
676
680
1
2
3
4
5
6
7

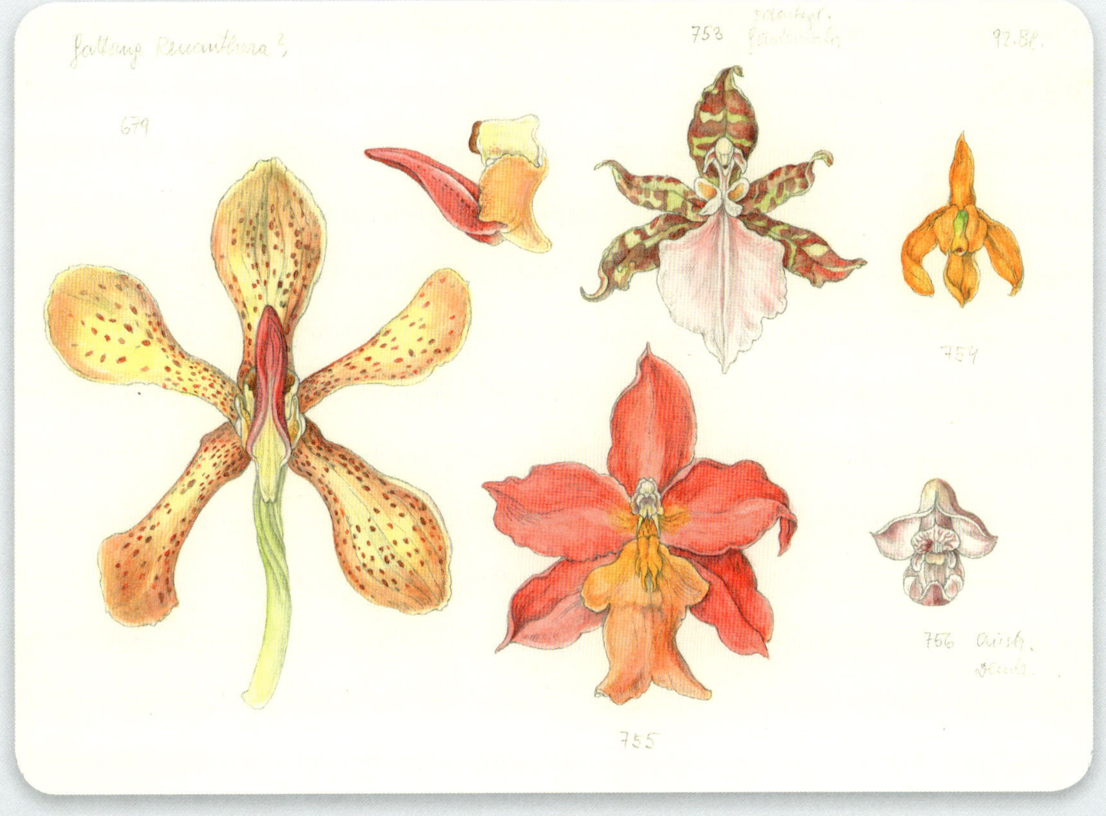
Gattung Renanthera?
92. Bl.
679
753
754
755
756

Dendrobium
93. Bl.
677
678

94. Bl.
688
689

Dendrobium
95 Bl.
744
744 A
743 A
743

Gattung Cymbidium
96. Bl.
745

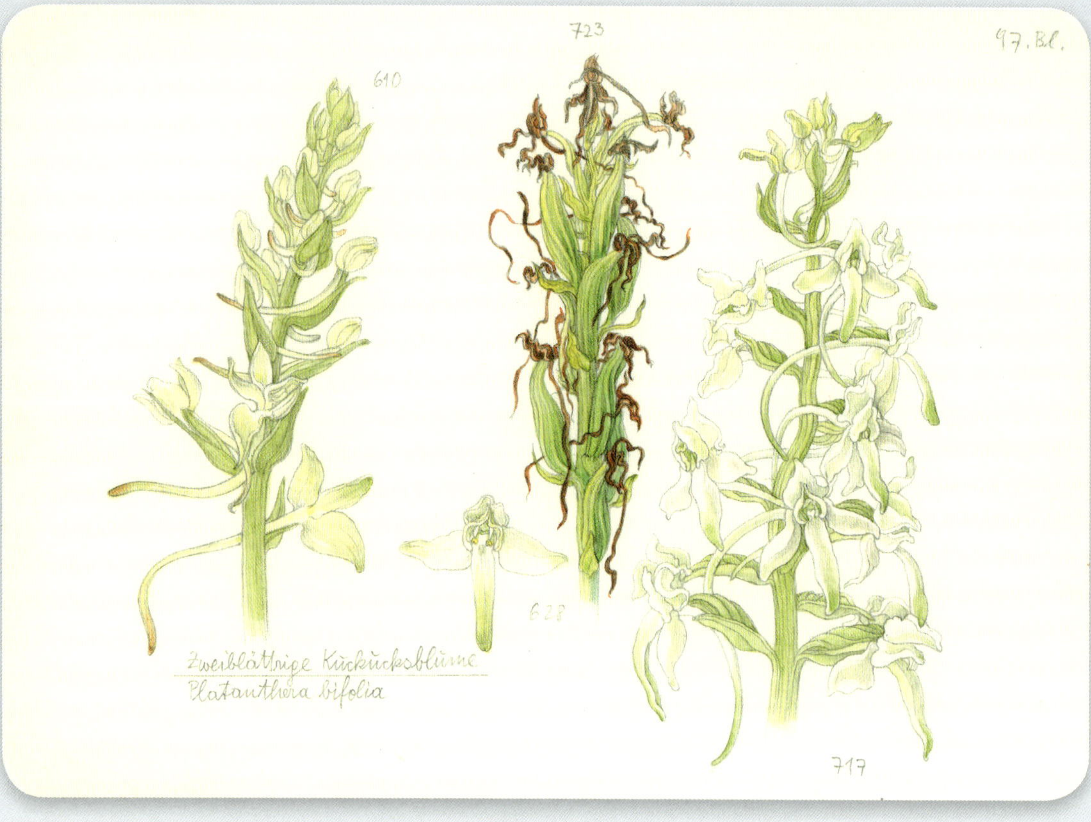
723
97. Bl.
610
628
Zweiblättrige Kuckucksblume
Platanthera bifolia
717

98. Bl.
730
694
Pyramiden-Orchis
Anacamptis pyramidalis
Purpur-Knabenkraut
Orchis purpurea

99.Bl.
764
700
701
702
768
764
Spinnen-Ragwurz
Ophrys sphegodes
Fliegen-Ragwurz
Ophrys insectifera

100 Bl.
702
700
728
727
720
713
713
775
Breitblättriges Knabenkraut
Dactylorhiza majalis

101.
Breitblättrige
Stendelwurz
Epipactis helleborine
726
741
728

102.
769
767
766
766
764
764
768
769
960

103
748
747
749

104.
750

Die Dunkelheit fällt von den Dingen,
vom Osten her der Tag erwacht.
Weit spannt der Morgen seine Schwingen,
und überfliegt die Nacht.

105
751

106
752

771
107. Bl.
757
770
761

108
759

ANDERE BOTANISCHE NATURSTUDIEN

Blüten – Früchte – Samen 1976 – 1982

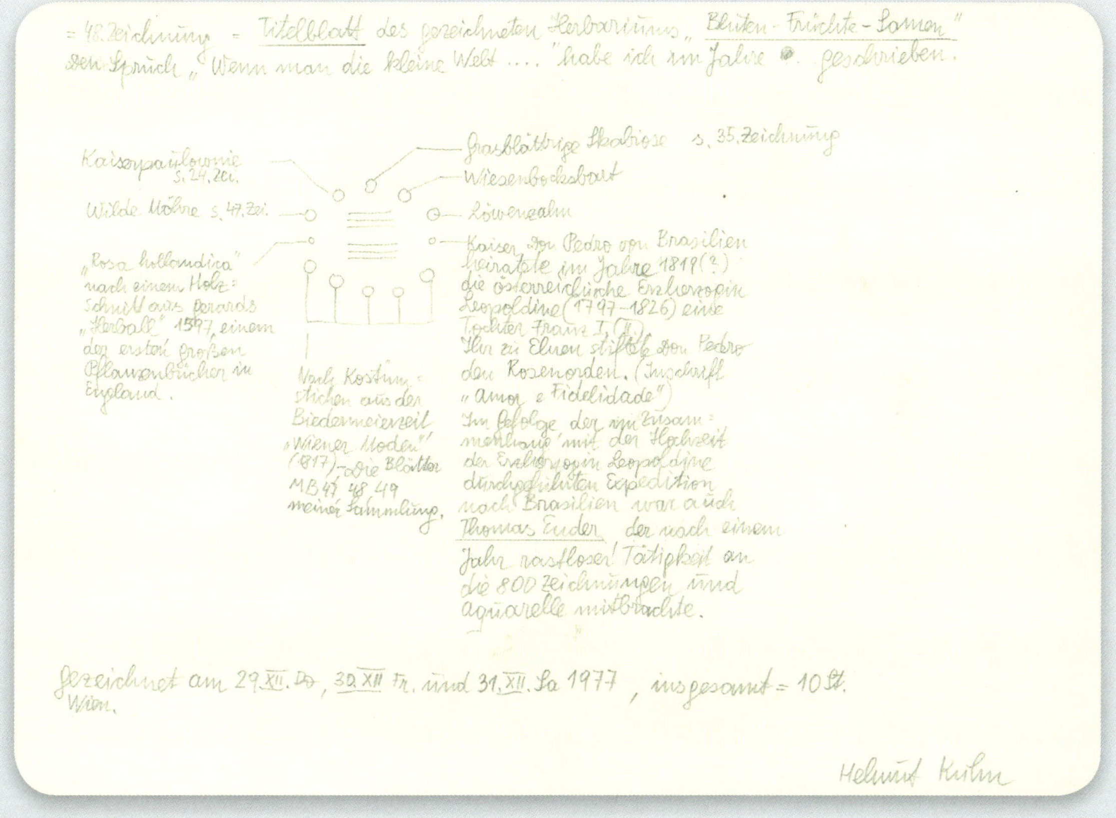
= 48. Zeichnung = Titelblatt des gezeichneten Herbariums „Blüten - Früchte - Samen"
den Spruch „Wenn man die kleine Welt ....." habe ich im Jahre ◉ geschrieben.

Kaiserpaulownie s. 24. Zei.
Wilde Möhre s. 47. Zei.
„Rosa hollandica" nach einem Holz=schnitt aus Gerards „Herball" 1597, einem der ersten großen Pflanzenbücher in England.

Grasblättrige Skabiose s. 35. Zeichnung
Wiesenbocksbart
Löwenzahn
Kaiser Don Pedro von Brasilien heiratete im Jahre 1819 (?) die österreichische Erzherzogin Leopoldine (1797–1826) eine Tochter Franz I. (II.)
Ihr zu Ehren stiftete Don Pedro den Rosenorden. (Inschrift „Amor e Fidelidade")
Im Gefolge der im Zusam=menhang mit der Hochzeit der Erzherzogin Leopoldine durchgeführten Expedition nach Brasilien war auch Thomas Ender der nach einem Jahr rastloser Tätigkeit an die 800 Zeichnungen und Aquarelle mitbrachte.

Nach Kostüm=stichen aus der Biedermeierzeit „Wiener Moden" (1817) – die Blätter MB 47, 48, 49 meiner Sammlung.

Gezeichnet am 29. XII. Do, 30. XII Fr. und 31. XII. Sa 1977, insgesamt = 10 St.
Wien.

Helmut Kuhn

Nr. 303. = 31. Zeichnung 1:1
330 = 31A. ״

Lit.: GNF: S 86

23. IV Sa. 1977, aus den Weingärten nördl. der Mitterwurzergasse, Wien XIX. geholt.
24. IV So. 1977 gezeichnet, 3 St. (3H)
11. VI Sa. 1977 geholt, – 19. VI So. gezeichnet (rechts, mitte) 4·15 St.

Helmut Kuhn

Judenkirsche (Lampionblume) – Physalis alkekengi

Familie: Nachtschattengewächse – Solanaceae

Nr. 384 = 43. Zeichnung
515 = Nr. 1–3

Lit.:

25. X. Di. 1977, Von Helga Pfatter erhalten.
26. X. Mi. 1977 (= österr. Nationalfeiertag) gezeichnet (rechts) 3'30 St.
1. VI. Fr. 1979 – Vom Botanischen Garten, Wien III. geholt. (= Nr. 515 = Nr. 1.–3.) 2. VI. Sa. 3 St. gezeichnet. (5 H)

Helmut Kuhn

Nr. 257 = 13. Zeichnung 1:1
302 = 13A "

Am So. 7. XI. 1976 von Spaziergang Wien 19, Siolygasse 27, mitgebracht
Am Sa. 13. XI vormittags gezeichnet. (rechts)
Sa. 6. VIII. 1977, Blüte links (Aus Samen am Balkon gewachsen) gezeichnet. 3 St.

Helmut Kuhn

Gartenringelblume – Calendula officinalis
Familie: Korbblütler – Asteraceae (Compositae)

HK

Nr. 352 = 36. Zeichnung 1:1
368 = 36 A. " (Blüte links unten)
369 = 36 B " (rechts unten

10. VIII. 1977 Mi, vom Hackenberg Wien 19. mitgebracht
13. VIII. Sa. gezeichnet. links oben 40', mitte 2'30 St, rechts oben 2 St.
26. VIII. Fr. 77/36A u. 36B aus Bot. Garten Wien III. geholt
27. VIII. Sa., gezeichnet, links unten 40', rechts unten 1'50 St.

Helmut Kühn

Echter Bärenklau · Acanthus mollis

Familie: Akanthusgewächse – Acanthaceae

HK

Nr 372 = 39. Zeichnung 1:1
423 = 39 A "

Am 26. VIII Fr. 1977 vom Bot. Garten Wien III. geholt, am 3. u. 4. IX. (Sa. u. So) gezeichnet. 6:50 St. (rechts)
Am 30. VI. Fr. 1978 " " . Am 1. VII. Sa. 1978, gezeichnet. 5 St. (links)

Helmut Kuhn

Frühlings-Adonisröschen Adonis vernalis
Familie: Hahnenfußgewächse – Ranunculaceae

Nr. 412 = 53, Zeichnung 1:1 (r. oben)
421 = 53 A " (r. unten)
470 = (l. oben = Nr. 1.)
469 = (l. unten = Nr. 2)
469 = (mitte = Nr. 3)
513 = Nr. 4

Lit.: SCP, S 130
GNF, S 82

Am Mi. 31. V. 1978 aus Garten von Fam. Süsan, Wien 19, Hackenberg, geholt. 3. VI. Sa, gez. 2:30 St., r. oben
am 21. VI. Mi. 1978 " " " . am 22. VI. Do. gez. 1 St., r. unten
1. IV. So. 79. Adonis R. – Knospe von Süsan-Garten geholt (Nr. 1.) = 1:15 St. gez.
28. III. Mi. 79. Blüte, l. unten, " " . (Nr. 2.) am 31. III. Sa. 1 St. gez. (= Nr. 469)
28. III. Mi. " (mitte) " (Nr. 3) " 2 St. gez. (= Nr. 469)
26. V. Sa. 79 aus Süsan Garten 27. V. So. 79 20 Min gez. (= Nr. 4)

Helmut Kuhn

Kaiserkrone – Fritillaria imperialis
Familie: Liliengewächse – Liliaceae
1
2
2A
3
160 Samen
HK

Nr.33 = 4. Zeichnung 1:1
498 = Nr.1 (5H)
3H
Grün gepflückt, daheim ausgereift, am 19.VI.1976, aus einem Garten in der Sioly-Gasse 21, Wien 19.
gezeichnet So. 3.X.1976, Wien, 6 St.
1.V.Di.79. Aus dem Garten von Fam. Susan, Wien 19. Hackenberg geholt. 1·15 St. gezeichnet (Nr.498)
2, 2A. 11.V.1980, So. aus Susan Garten geholt. 12.V. 1·15 gez. (Nr.570). 3, 23.V.80 geholt, 25.V. 0·30 gez. (Nr.580)
Helmut Kohn

Nr. 358 = 42. Zeichnung 1:1
543 = Nr 1

Lit.:

10. VIII. Mi. 1977, Von Hackenberg Wien 19. mitgebracht
8. X. Sa. gezeichnet (rechts) 4:30 St.
21. VII. Sa. 1979, Nr. 1 u. 2. vom Bot. Garten Wien III. geholt. 22. VII. So. Nr. 1 = 30 Min gez., Nr. 2 = 3:15 gez.

Helmut Kuhn

Nr. 411 = 52. Zeichnung 1:1 (l.)
422 = 52.A " (r. u.)
425 - 52 B " (r. o.)
435 = (r. o.)

Lit.: SCP, S. 76
GNF S. 116

Am Do. 25.V.1978 von Hackenbergg. Wien 19., Gehsteig geholt. Am Sa. 27.V.1978 gezeichnet, 4.30 St. (l.)
Am 28.VI. Mi. 1978 von Gregor Mendelstr. 3, Wien 18, geholt, 45' gezeichnet. (r. u.)
am 1.VII. Sa. 1978 von Hackenberggasse, Wien 19, geholt. Am So. 2.VII. 1978, gezeichnet, 2 St. (r. o.)
am 12.VIII. Sa. 1978 " " . Am 15.VIII.78, Di. gezeichnet 30' (reife Früchte)

Helmut Kuhn

Nr. 314 = 32. Zeichnung 1:1
537 = Nr. 2
103 = Nr. 3

am 14. V. Sa 1977 vom Hackenberg geholt.
15. V. So. 1977 gezeichnet links oben und mitte 3 15 St.
14. VI Do. 1979 vom Hackenberg Wien 19. geholt. 16. VI. Sa. 1 St. gez. (Nr. 537 = Nr. 2) 5 H
19. VII. 76 aus Haibach, O.Ö., 16. VI. 79 gez. (103 = Nr. 3)

Helmut Kuhn

Nr. 327 = 35. Zeichnung 1:1
370 = 35A. " (links oben)
371 = 35B " (rechts und mitte unten)

11. VI. Sa. 1977 Aus dem Botanischen Garten Wien III. (Gruppe 18) geholt
12. VI. So. 1977 Blüte aufgehend links unten, 1·45 St. gezeichnet
Blüte offen mitte 3·40 St. gezeichnet.
26. VIII. Fr. 1977 Knospe (links oben) aus Bot. Garten geholt.
27. VIII Sa. gezeichnet, 40'
26. VIII. Fr. 1977 Samen (rechts) aus Bot. Garten geholt.
17. IX. Sa. 1977 gezeichnet, 3 St. (rechts und mitte unten)

Helmut Kuhn

Vielblättrige Lupine – Lupinus polyphyllus
Familie: Schmetterlingsblütengewächse – Fabaceae (Viciaceae, Papilionaceae)

Nr. 417 = 54. Zeichnung 1:1
448 =
73 = (rechts oben)

Lit.: GNF, S 108
NPL, S 232

Am 8. VI. Do. 1978 von Christian aus Heidenreichstein, Waldviertel mitgebracht. Am 10. VI. Sa. gez. 4 St. (links)
17. IX. So. 78: Früchte (rechts) geholt. 30. IX. Sa. 78 = 2·15 St. gezeichnet. (5H)
7. X. Sa. Frucht (rechts unten, Nr. 448) und rechts oben (Nr. 73) 2·15 St. gezeichnet. (5H)

Helmut Kühn

Nr. 410 = 51. Zeichnung 1:1 (= 1, 2, 2A)
447 = 5, 5A,
524 = 3
525 = 4
552 = 5B

Lit.: SC·P, S 324

24. V. Mi. 1978 vom Türkenschanzpark geholt. 25. V. Do. Fronleichnam, 6'30 St. gezeichnet (Nr. 410)
17. IX. So. 78. Frucht von Wien 19. Siolygasse 23 geholt. 14. X. Sa. (rechts mitte und unten) 2'30 gez. (Nr. 447) 5H
9. VI. Sa. 1979 " " 10. VI. So. 1979 1 St. gez. (524, 525 = Nr. 3. u. 4) 5H
5. VIII. So. 1979 vom Türkenschanzpark geholt. (Nr 552 = 5B) 30' gez.

Helmut Kuhn

Wilde Möhre – Daucus carota

Familie: Doldengewächse – Apiaceae (Umbelliferae)

Nr. 393 = 47. Zeichnung 1:1
437 = (links)
439 = Mitte

Lit.: GNF, S 122

1. XI. Di. 1977 aus Baden, vom Helenenfriedhof mitgebracht
3. XII. Sa. 1977, Wien, gezeichnet, 4·15 St.
12. VIII. Sa. 1978, vom Hackenberg, Wien 19. mitgebracht. Am Di. 15. VIII. 78 gezeichnet, 4 St. (links)
18. VIII. Fr. 1978, von Peter Jordan-Straße 200 mitgebracht. Am 19. VIII. Sa. 78 gezeichnet 2·45 St. (Mitte)

Helmut Kuhn

Im Antlitz des Sommers reift goldgelb das Korn,
im Laube stößt leise der Herbst schon ins Horn,
ein Vogel steht regungslos hoch in der Luft,
Heu – scheidenden Sommers berauschender Duft.

5. Blatt

Nr. 528 = Nr. 1
529 = Nr. 2, 2A
541 = Nr. 3, 3A

Lit.: NPL S 551
CDF S 286
PNP S 133

13. VI. Mi. 1979 Vom Bot. Garten, Wien III. geholt (Nr. 528 = Nr. 1) 14. VI. Do. 8 Sd. gez. (5H)
13. VI. " " (Nr. 529 = Nr. 2, 2A.) " 1'45 gez.
29. VI. Fr. 1979 " (Nr. 541 = Nr. 3, 3A) 30. VI. Sa. 2'30 gez.

Helmut Kuhn

Nr. 523 = Nr. 2 1:1
526 = Nr. 1
527 = Nr. 3

44. Blatt

9. VI. Sa. 1979. Felicitas bekommt jedes Jahr zum Muttertag von Christian Pelargonien für den Balkon. Einen Blütenstand (Nr. 523) heute gezeichnet. 8^{30} St. (5H)
10. VI. So. 79 Nr. 1 u. Nr. 3 gezeichnet 1 St. (526 + 527) (5H)

Helmut Kühn

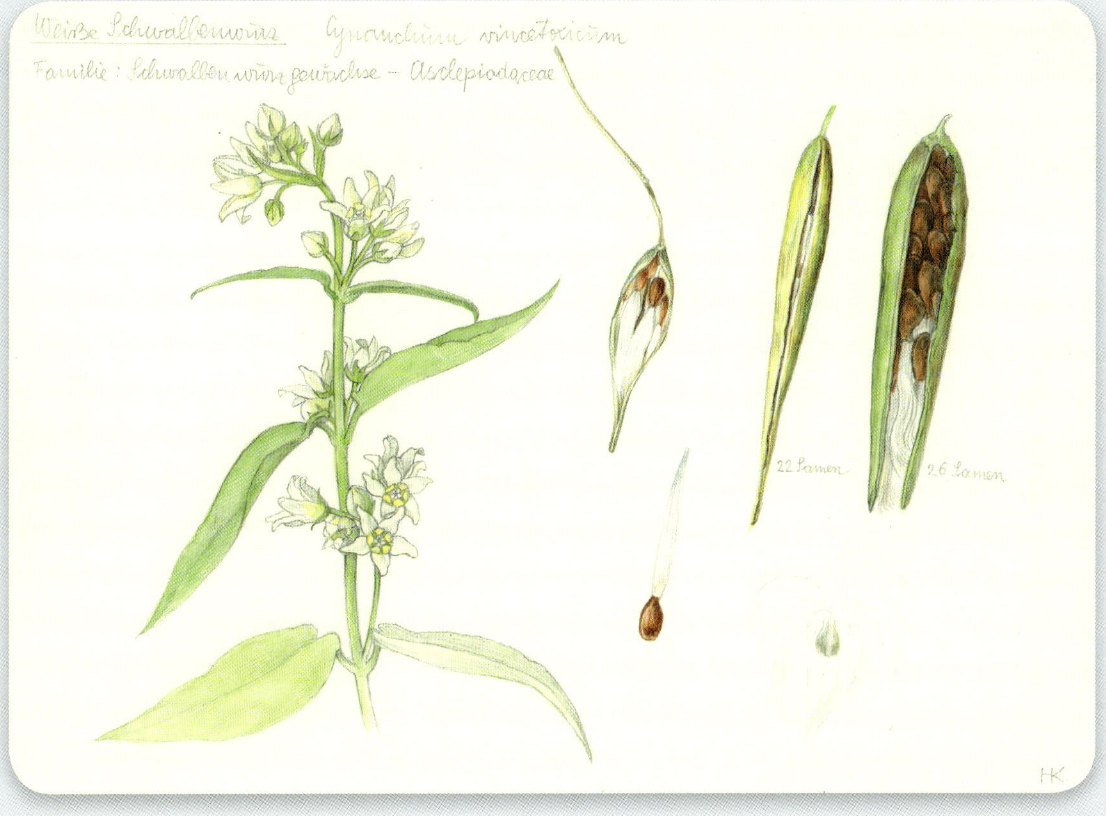

Nr. 217 = 1. Zeichnung 1:1
322 = 1A. "
380 = 1B "

GNF: S 128

3H

am Sa. 25. IX. 1976, vom Dreimarkstein, Wien 19., mitgebracht
am 26. IX. 76 gezeichnet
29. V. 1977 vom Dreimarkstein, Wien 19. geholt., 30. V. Pfingstmontag (Blüte links) gezeichnet, 2.15 h.
3. IX. 1977 Frucht rechts oben vom Dreimarkstein geholt. 24. IX. Sa. gezeichnet, 45 Min.

Helmut Kuhn

Nr. 41 = 2. Zeichnung 1:1
Nr. 311 2A

Am 27. VI. So. 1976 aus dem Badner Garten mitgebracht
Gezeichnet am 26. IX. So. 1976 (rechts) 1:45 St.
13. V. Fr. 1977. Blüte und Knospe aus dem Alpengarten, Wien IV Oberes Belvedere, geholt.
14. V. Sa. 1977 gezeichnet, Blüte oben, 2:15 St., Blüte unten 1:36 St., Knospen l. 1:30 St.
Helmut Kuhn

61. Blatt (1:1)

1 = Nr. 566 (Aus Alpinum v. Christian und Andrea, Wien XIII. Kopfgasse 9, am Fr. 2.V.80 geholt)
1A "
1B " } = Sa. 3.V.1980 3:45 gez.

2. = Nr. 567 (Aus dem Türkenschanzpark, Wien 18, am Sa. 11.V.1980 geholt) = Mo. 12.V.1980 0:45 gez.

3 = Nr. 434 (Am Sa. 6.VIII.1978 von Helga Pfeffer aus Zwischach, Kärnt. mitgebracht)
3A = " } = Sa. 12.VIII.1978 3:45 gez.

= 7:45 St.

Bleistift: Härte 6H

Helmut Kuhn

71. Blatt (1:1)

1 = Nr 659 (Am So. 24. VIII. 1980 vom Hackenberg, Wien 19 geholt } = So. 24. VIII. 1980 = 0·15 gezeichnet

2 = Nr 643 (Am So. 10. VIII. 1980 " " "
2A = in 2
3 = Nr. 644 " " " "
4 = Nr 645 " " " "
} = So. 10. VIII. 1980 = 4·30 "

5 = Nr. 648 (am Fr. 15. VIII. 1980 " " "
6 = Nr 649 " " " "
} = Sa. 16. VIII. 1980 = 3·15 "

6A = Nr. 649 " " " "
7 = Nr. 649 " " " "
} = So. 24. VIII. 1980 = 2·15 "

= 10·15 Stunden

Literatur: SCP Seite 92

Helmut Kuhn

68. Blatt (1:1)

1 = Nr. 573 (Am 12. V. Mo. 1980 vom Hermannskogel, Wien 19. geholt.) 1A	} = Di. 13. V. 1980 (Urlaub)	= 0'45 gezeichnet
2 = Nr. 574 " " "	"	= 1 "
3 = Nr. 582 (Am Fr. 23. V. 1980 " " "	} = Pfingstsonntag 25. V. 1980	= 1'30 "
4 = Nr. 595 (Am Fr. 6. VI. 1980 – mit Felicitas – vom Hermannskogel geh.)	} = So. 8. VI. 1980	= 0'45 "
5 = Nr. 596 " " "	} = "	= 1 "
6 = Nr. 614 (Am Sa. 28. VI. 1980 vom Hermannskogel geholt	} = So. 29. VI. 1980	= 2'45 "
7 = Nr. 650 (Am Fr. 15. VIII. 1980 " 8 = "	} = So. 17. VIII. 1980	= 2 "

= 9'45 Stunden

Literatur: GTP Seite 142, 143
SCP " 268

Helmut Kuhn

Schmalblättriges Weidenröschen Chamaenerion angustifolium (Epilobium angustifolium)
Familie: Nachtkerzengewächse – Onagráceae

HK

Nr. 89 = 3. Zeichnung 1:1
442 = 3B, C, (links, Mitte)

Lit.: GNF: S 118

24. VII. 1976 Wesenüfer / Donau, Ob. Öst. aus dem Urlaub mitgebracht. 3. X. So 1976 gezeichnet (rechts) 3 H
25. VIII. Fr. 1978 Aus dem Weidlingbachtal geholt. 26. VIII. Sa gezeichnet (links, Mitk) 3^{15} St.

Helmut Kühn

69. Blatt (1:1)

Helmut Kühn

Nr. 37 = 12. Zeichnung 1:1   3H
313 = 12 A.
317 12 B

Lit. L. Klein, Unsere Wiesenpflanzen, 1924, Seite 60

Die langgeschnäbelten, 16–22 mm langen Früchte, auf dem kahlen Blütenboden zu einem kugeligen Fruchtstand vereinigt, haben einen Pappus aus gefiederten Haaren, bei trockenem Wetter schirmförmig ausgebreitet, die Fiederhaare zwischen zwei Pappusstrahlen miteinander verflochten und meist eine geschlängelte Linie bildend.

20. VI. So. 1976, vom Hackenberg, Wien 19, mitgebracht (Samen)
7. XI. So. 1976, abends gezeichnet.
14. V. Sa. 1977 (Blüte mitte) vom Hackenberg geholt.
19. V. Do. Christi Himmelfahrt, Blüte mitte gezeichnet. 3 30 St.
19. V Do. " (Knospe links) vom Hackenberg geholt, abends 1 St. gezeichnet

Helmut Kohn

70. Blatt (1:1)

1 = Nr. 640 (am Sa. 2. VIII. 1980 von Annaberg / N.Ö. mitgebracht 1A " = Querschnitt von 1		= So. 3. VIII. 1980 = 1 gezeichnet
2 = Nr. 634 (am Fr. 18. VII. 1980 aus dem Botanischen Garten, Wien III geholt.) 2A " 2B " 2C "		= Sa. 19. VII. 1980 = 6'30 "
3 = Nr. 635 " " " 3A = Querschnitt von 3		= Sa. 19. VII. 1980 = 0'15 "
4 - Nr. 656 (am Fr. 15. VIII. 1980 aus dem Garten von Christian und Andrea, Kopfgasse 9, Wien 13. mitgebracht		= So. 17. VIII. 1980 0'30 "
5 = Nr. 657 " " " 6 = "		" 0'45

= 9 Stunden

Helmut Kuhn

Wer von Kraut und Unkraut spricht,
der kennt Mensch und Unmensch nicht.
Distel – kaiserkronengleich
herrschest du in deinem Reich.

Große Eberwurz – Silberdistel Carlina acaulis
Familie: Korbblütengewächse – Asteraceae (Compositae)

HK

Nr. 394 = 46. Zeichnung 1:1

Lit.: GNF, S 166

2. XI. Mi. 1977 Von Helga Gfatter-Süsan bekommen (Von Mutz Süsan aus Kirchberg, Tirol, mitgebracht)
12. XI. Sa. 1977, 26. XI. Sa, 27. XI. So. (1. Adventsonntag), Wien, insges. 12 St. gezeichnet.

Helmut Kuhn

Silberblatt, Mondviole *Lunaria annua*

Familie: Kreuzblütengewächse – Cruciferae od. Brassicaceae

67. Blatt (1:1)

1 = Nr. 569	(am So. 11.V.1980 – Muttertag aus einem Garten am Hackenberg, Wien 19., geholt.	= Mo. 12.V.1980 = Urlaub	= 3:30 gezeichnet
2 = Nr. 583 3 = 584 4 = 585	(am Fr. 23.V.1980 vom Hackenberg geholt	Mo. 26.V.1980 = Pfingst-Mo.	= 1:30 "
5 = Nr. 651	(am Fr. 15.VIII.1980 "	So. 17.VIII.1980 =	2:15 "
6 = Nr			
			= Stunden

Literatur: C.DF Seite 196
G.TP " 81

Helmut Kuhn

Großer Bocksbart – Tragopogon dubius 7
Familie: Korbblütengewächse – Asteraceae (Compositae)

HK

Nr. 414 = 7. Zeichnung 1:1

Lit.: SC·P S 108

6. VI. 1978 aus Weißenkirchen / Wachau mitgebracht. 21. X. bis ?? 78. gezeichnet, 5 St. (54)

Helmut Kuhn

Sibirische Iris   Iris sibirica L.   Mittel-Europa, Sibirien
Familie: Schwertliliengewächse – Iridaceae

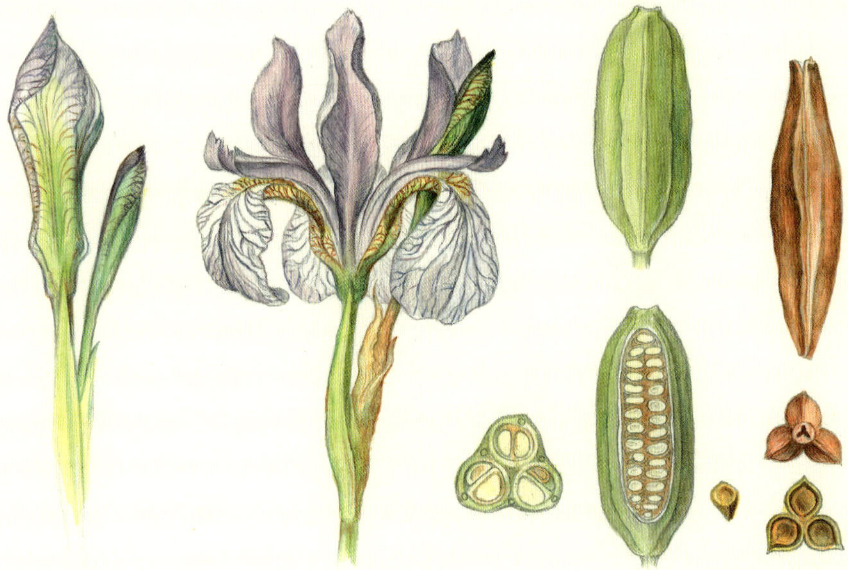

HK

Nr. 140 = 14. Zeichnung 1:1   34
Nr. 307 = 14A   "
424   14B (Frucht grün)

8. VIII. 1976 aus dem Badner Garten nach Wien mitgebracht (Frucht rechts) Nr. 140
13. XI. Sa. 1976 (rechts) in Wien gezeichnet.
6. V. Fr. 1977 (heute ist unser 27. Hochzeitstag) Blüte (links) aus dem Alpengarten, Wien IV. Ob. Belvedere, geholt.
7. V. Sa. 1977 Knospe und offene Blüte gezeichnet. 4:30 Std. (34)
am 30. VI. Fr. 1978 aus dem Alpengarten, Wien IV. Ober. Belvedere geholt. Am 1. VII. Sa. 78 gezeichnet, 1:45 Std.
(Frucht grün)

Helmut Kuhn

Nr. 247 = 6. Zeichnung 1:1
336 = 6A "
548 = Nr. 2

3H.

Am Sa. den 9. Oktober 1976 aus dem Botanischen Garten, Wien III., geholt (unten rechts) und abends gezeichnet
1. VII. Fr. 1977 Blüten aus dem Bot. Garten geholt (links) 3. VII. 30. gezeichnet. 3 St.
24. VII. Di. 1979 – Nr. 2 von Wien 19. Felix Dahn Straße geholt, 10' gez. (= 548 = Nr. 2)

Helmut Kuhn

Löwenmaul und Löwenzahn,
s'hört sich recht gefährlich an
wie die beiden heißen,
und können doch nicht beißen.

Nr. 420 = 56. Zeichnung 1:1 (rechts oben)
440 = (rechts unten) = 265 Samen
517 = Nr. 3
518 = Nr. 1
519 = Nr. 2

Lit.: GNF S 150
SCP S 194

18. VI. Sa. 1978 vom Hackenberg geholt. Am 20. VI. Di. 1978 gezeichnet 1'30 St. rechts oben
18. VIII. Fr. 1978 von Gregor-Mendelstr. 12, Wien 18, geholt. Am 19. VIII. Sa. 1978 gezeichnet, 2 St. (rechts unten)
2. VI. Sa. (Pfingsten) " (Nr. 517 = Nr. 3) 2:15 gezeichnet. (5H)
2. VI. Sa. " (Nr. 518 = Nr. 1) 30 Min. gez. (5H)
4. VI. Pfingstmontag " (Nr. 519 = Nr. 2) 1'15 gez. (5H)

Helmut Kuhn

= 15. Zeichnung 1:1

1 (Nr. 262) um S 8.– gekauft 2'30 gezeichnet
2 Nr. 260 um S 3.– gekauft 1'15 + 1'20 "
3 Nr. 260 0'45 "
4 Nr. 59 Acker Mohn, Aschach Donau, 17. VII. 1976. Urlaub, 0'40 gezeichnet

Am Sa. 20. November 1976 gezeichnet.

Helmut Kuhn

Echtes oder Großes Springkraut, Rührmichnichtan · Impatiens noli-tangere
Familie: Springkrautgewächse, Balsaminengewächse - Impatientaceae
(Balsaminaceae)

Nr. 376 = 38. Zeichnung 1:1
Nr. 798

Lit.: GNF, S116
KWB, S43

27. VIII. Sa. 1977 Mitgebracht von Spaziergang Windischhütte / Weidlingbachtal, mit Felicitas, Helga und Günther (Dipl. Ing. Potter) und den Kindern Susanne und Rosmarie.
28. VIII. So. gezeichnet, 4 St.

14. VIII. Sa. 1982 Bei Otto und Herta Stefferl, Drüsiges Springkraut, links, = rot, mitgebracht aus Traismauer, N.Ö. (798)
15. VIII. So. 1982 3 St. gezeichnet.

Helmut Kuhn

Schneerose

Eine, die den Winter schmückt,
sendet Frühlingsgrüße.
Wer sie herzerwärmend pflückt,
holt sich kalte Füße.

Nr. 293 = 28. Zeichnung/1. 1:1
Nr. 326 = Nr. 4 "
Nr. 413 = Nr. 3 "
Nr. 497 = Nr. 2

Lit.: SCP, S 294

Am 24. II. Do. 1977 aus Garten von Fam. Susan Hackenberg nachhause gebracht (Blüte links) 293/Nr. 1
Am 26. II. Sa. 1977 gezeichnet = 1·45 St. (Blüte links) = 293/Nr. 1
8. VI. Mi. 1977 aus Garten von Fam. Susan Hackenberg nachhause gebracht (Frucht rechts) Nr. 4
11. VI. Sa. 1977 gezeichnet 3·30 St. (Frucht rechts)
31. V. Mi. 1978 vom Hackenberg geholt, 3. VI. Sa gezeichnet 1·45 St. (Frucht, Teil, Mitte unten) 413/Nr. 3
1. V. Di. 1979 " aus Garten von Fam. Susan. 45' gez. (5) = Nr. 497 / Nr. 2 Helmut Kuhn

Passionsblume

Sie gibt ein Fest und blüht.
Wenn sie dir blüht, wer du auch bist,
dann bet' auch du zu Jesu Christ
damit er dich behüt.

Nr. 442 = 58. Zeichnung 1:1 rechts (3+4) 4 = Querschnitt von 3 (=30. Blatt der Serie A)
445 = 58/1+2 NC = Nebenkrone = 116 teilig (Fadenkrone)
453 = 58/5

Lit.: CDF S 202, 203, 321
GTP S 78, 79

22. VIII. Di: 1978 von Helga Pfatter bekommen. 22. VIII Di. gezeichnet (rechts 3 u. 4.) 2:30 St.
9. IX. Sa 1978 Blüte (1) bei Helga und Günther (Wien 19. Sieveringer Str. 128 gezeichnet. Susanne (9. J.) und Rosmarie (6. J.) waren sehr brav und schauten zu. Blüte mitgenommen (blieb 24 St. frisch) und abends daheim nochmals überarbeitet. 7 St. 10. IX. So. 78 58/2 1:15 St gezeichnet.
29. IX. Fr. 78 Frucht (reif) von Helga St. geholt. 30. IX. Sa. = 1:30 St. gezeichnet (5 H)

Helmut Kuhn

Robinie oder Falsche Akazie, Robinia pseudo-acacia
Familie: Schmetterlingsblütler – Papilionaceae

Nr. 234 = 16. Zeichnung 1:1
Nr. 320 = 16. A. " "

Lit.: H. Vedel u. J. Lange „Bäume und Sträucher in Farben", O. Maier-Verlag, Ravensburg, 1972

Der deutsche Name Robinie, wie der lateinische „Robinia", ist der Pflanze zu Ehren des französischen Gärtners Robin gegeben worden, der um das Jahr 1600 den aus Amerika eingeführten Baum in Europa anpflanzte. Der gebräuchlichere Name ist fälschlich Akazie, weil die Pflanze einmal wie viele echte Akazien Dornen und zum anderen wie diese Hülsen und unpaarig-gefiederte Blätter besitzt.

Die auffallend weißen Schmetterlingsblüten sitzen in 10–20 cm langen, hängenden Trauben, sie riechen süßlich und enthalten viel Honig.
Die Früchte sind 5–10 cm lange, glatte Hülsen, die bei der Reife dunkel graubraun werden, sie enthalten bis zu 10 kleine, sehr harte Samen.
Das Holz ist sehr hart und haltbar.

am Mi. 6. X. 1976 von einem Abendspaziergang, Wien 19. Bredergasse, mitgebracht.
Am Sa. 27. Novemb. 76 gezeichnet, Wien, rechts = 4:15 St. (3H)
28. V. 1977, Pfingstsamstag, von Littrow-Gasse, Wien 18. geholt und gezeichnet, Blüte links, = 4·45 St.

Helmut Kuhn

Gemeine Esche – Fraxinus excelsior
Familie: Ölbaumgewächse – Oleaceae

Nr. 446 = 59. Zeichnung 1:1 (6H)
483 = Nr. 1.
484 = Nr. 2 (5H)
485. = Nr. 3 (5H)
493 = Nr. 4 (6H)

Lit.: QBS, S.237

Am 16. IX. Sa 1978, von der Windmühlhöhe Wien geholt und gezeichnet, 4 St. (rechts)
15. IV. 1979, Ostersonntag (Nr. 483–485) vom Dreimarkstein geholt. (Wien 19.)
16. IV. 79. Ostermontag gezeichnet, Nr. 1 = 30 Min. Nr. 2 = 45 Min. Nr. 3 = 45 Min.
30. IV. Mo. 79. Vom Bot. Garten, Wien III, geholt. 1. V. Di. 79. 2 St. gezeichnet. (Nr. 4.)

Helmut Kuhn

Süßer werdend vor dem Fall
reifen Früchte dort und da
und an Tagen wie Kristall
rückt die Ferne greifbar nah.

Nr. 238 = 5. Zeichnung 1:1
488 (= links oben) (5H) = Nr. 1
500 = Nr. 2 =
510 = Nr. 3
511 = Nr. 4

Bot. Garten: zwei männliche Bäume einer davon nahe an der Wand mit einem aufgepfropften weiblichen Ast, der im Herbst regelmäßig Samen trägt.
Am Sa. 9. X. 1976 aus dem Botanischen Garten, Wien III., mitgebracht. (Gruppe 15, Allee)
9. X. 76, nachmittags gezeichnet. (= Draufsicht) 3 H
20. IV. Fr. 79 vom Bot. Garten geholt. 21. IV. Sa. 2:15 gezeichnet. 5. V. Sa. 79. (Nr. 2) Vom Bot. Garten geh. 6. V. 30' gez.
25. V. Fr. 79 vom Bot. Garten geholt (3+4) (= Nr. 1) 27. V. So. 79 = 30' gez. · Helmut Kuhn

Nr. 251 = 9. Zeichnung 1:1
Nr. 396 = 9A. Zeichnung (links)
521 = Nr. 2

3. VI. Pfingstso. 1979 vom Dreimarkstein, Wien 19, geholt. 4. VI. 79 30 Min. gez. (5H) = Nr. 2
26. III. 1977 Von Spaziergang mit Felicitas von Dreimarkstein (Wien 19.) mitgebracht.
27. III. So. 1977. gezeichnet. 1.30 St. (links)

Am Sa. den 23. Oktober 1976 aus Lilienfeld mitgebracht. Besuch der Ausstellung „1000 Jahre Babenberger in Österreich". Mit Christian und Andrea
am So. 30. X. 1976 gezeichnet (3H)

Helmut Kuhn

Nr. 268 = 19. Zeichnung 1:1
Nr. 333 = 19A. "

Am Mi. 8. XII. 1976 von Wien 19. Türkenschanzpark, gegenüber Gregor Mendelstr. Nr. 48 mitgebracht
Am Sa. 11. XII. 1976 gezeichnet (rechts) = 3 St.
24. VI. Fr. 1977 aus dem Währinger Park, Wien 18. geholt.
25. VI. Sa. gezeichnet = 5 St.

Helmut Kuhn

Glyzinie (Blauregen) Wistoria sinensis

Nr. 1. = 20. Zeichnung 1:1
Nr. 319 = 20 A. "
Nr. 335 = 20 B.

aus China stammender, kletternder Strauch

Lit.: NPL S. 234

Am Mi. 12. V. 1976 von Wien 19, Salmannsdorferstraße Nr. 32 mitgebracht
Am Mo. 27. XII. 1976 gezeichnet. (rechts) = 2'45 St. (3 H)
22. V. So. 1977, Blüte links, von Sternwartestraße 52 Wien 18, 2:30 St. gezeichnet.
25. VI. Sa. 1977, Frucht, grün geholt, 26. VI. So. gezeichnet, = 20 Min.

Helmut Kuhn

Nr. 383 = 41. Zeichnung 1:1 (= Steineiche) = Nr. 3
482 = 1 (Stieleiche)
490 = 2 (Zerreiche)
492 = 1A (Stieleiche)
495 = 1B (Stieleiche)
516 = 2A (Zerreiche)
531 = 1C (Stieleiche)
547 = 2B (Stieleiche)

Steineiche Lit. JBB S 156

27. IX. Di. 1977 (rechts unten) von Robert Pecher einem Öst. Länderbank-Kollegen von der jugoslaw. Insel Krk mitgebracht. Sa. 1. X. 77. gezeichnet 3'15 St. (Steineiche) = Nr. 383 = Nr. 3
13. IV. Fr. 79 vom Türkenschanzpark, Wien 18. geholt. 15. IV. 79. Ostersonntag 1'30 St gez. (6H) links oben
20. IV. Fr. 79. Zerreiche, vom Bot. Garten, Wien III. geholt. 21. IV. Sa. 1'30 St. gezeichnet.
22. IV. So. 79 Nr. 492 vom Türkenschanzpark geholt. 45' gez.
30. IV. Mo. 79 = Nr. 495 " 15' gez. am 1. V. 79
1. VI. Fr. 79 = (Nr. 516) v. Bot. Garten geh. 2. VI. Sa 30' gez. | 13. VI. 79 - Nr. 531 v. Bot. G. 15' gez. | 24. VII Di. 79, v. Bot. Garten geh. 1 St. gez. - 2B H. Kuhn

Nr. 281 = 24. Zeichnung 1:1
Nr. 407 (links)
Nr. 436 (rechts oben) Unreife Frucht im Querschnitt

Lit.: JBB S 245

am Mo. 26. XII. 1976 aus dem Türkenschanzpark, Wien 19., mitgebracht
am Sa. 22. I. 1977 gezeichnet, (rechts) = 4·30 St. (mit 3H)
12. V. Fr. 1978 aus dem Botanischen Garten mitgebracht. 14. V. 78, Pfingstsonntag 5 St. gezeichnet (Nr. 407) links
12. VIII. Sa. 1978 aus dem Türkenschanzpark mitgebracht. (rechts oben) 13. VIII. So. gezeichnet, 45 Min.

Helmut Kuhn

Nr. 473 = 45. Zeichnung 1:1 (rechts)
551 = 1, 1A (1A = von 1 umschlossen)
554 = 2

Lit.: CDF S 206, 310

7. IV. Sa. 1979 (Nr 473) von Resl Schmeja bekommen. Am 5. V. Sa 79 4:30 St. gezeichnet. (rechts)
1. VIII. Mi. 1979 (551 = 1, 1A) Pflanze von Helga Pfatter bekommen. Samen am ● gesetzt. 5. VIII. Sa 79. 1:30 gez.
18. VIII. Sa. 1979 (554 = 2) Blüte bei Helga und Günther gezeichnet 1:30 St.

Helmut Kuhn

Des Sommers Sonne hat sie rot gebrannt,
die Früchte und die Blätter im Geäst,
nun hält des Herbstes müde Hand,
sie nicht mehr an den Zweigen fest.

63. Blatt (1:1)

1 = Nr. 560 (am Ostersonntag, 6.IV.1980, von der Felix Dahn-Straße Wien 19., geholt) } = Mo. 7.IV.1980 = 1.30 gezeichnet
2 = Nr. 565 (am Fr. 18.IV.1980 von der Felix-Dahn-Straße geholt) } = Sa. 19.IV.1980 = 2 "
3 = Nr 571 (am So. 11.V.1980, Muttertag " } = Mo. 12.V.1980 = 0.15 "
4 = Nr. 581 (am Fr. 23.V.1980 " } = Sa. 24.V.1980 = 1 "
5 = Nr 617 (am Di. 1.VII.1980 = Urlaub – von Weidling geholt) } = Fr. 4.VII.1980 = 1 "
6 = Nr. 658 (am Fr. 22.VIII.1980 von der Felix-Dahn-Str. geholt) } = Sa. 23.VIII.1980 = 2 "

= 7.45 Stunden

Helmut Kuhn

Nr. 299 = 30. Zeichnung 1:1
382 = 30A "
533 = Nr. 3

Am 27. III. Sa. 1977 von Spaziergang mitgebracht, 28. III. Mo. gezeichnet 4 Std.
21. IX. Mi. 1977 von P. Tick-Gasse, Wien 19. mitgebracht.
24. IX. Sa. gezeichnet (rechts) 3 St.
13. VI. Mi. 1979 vom Bot. Garten geholt. 14. VI. Do. 30' gez. (533 = Nr. 3)

Helmut Kuhn

Echter Walnußbaum – Juglans regia

Familie: Walnußgewächse – Juglandaceae

Nr 405. = 49. Zeichnung 1:1
406 = 49A.
458 = (Nr.1) "

512 = Nr.5

Lit.: GNF, S 62
QBS' S 83

am 21. IV. 78 Fr. mitgebracht 23. IV. So. gezeichnet 3'15 St. (2)
am 5. V. 78 Fr. mitgebracht von Köhlergasse 11, Wien 18, am 7. V. So gezeichnet, 4 St. (3, 4)
24. X. Di. 78. Nuß aus Susan's Garten bekommen. 11. XI. Sa. 78. gezeichnet 1'45 St (6).
27. XII. Mi. 78. aus Susans Garten. 30. XII. Sa. 78 gezeichnet (Nr. 1) 45'.
26. V. Sa. 79 " 27. V. So. 79, 28' gez. (Nr. 5)

Helmut Kuhn

Nr. 226 = 8. Zeichnung 1:1
520 = Nr. 1

Flügelnuß, Wien, Rathauspark, im an die Stadiongasse angrenzenden Teil.

Am So, den 10. Oktober 1976 von Christian aus dem Botanischen Garten, Schönbrunn, Wien XIII., mitgebracht. Sa. 16. X. 1976 gezeichnet 4.30 Std. (3H)
3. VI. Pfingstso. 1979, vom Rathauspark, Wien 1. geholt. 4. VI. Mo. 2.45 gez. (5H) (Nr. 520 = Nr. 1)

Helmut Kuhn

66. Blatt (1:1)

1 = Nr. 568 (am So. 11.V.1980, Muttertag, aus dem Garten von Fam. Dipl.-Ing. F. Susan, Wien 19., Hackenberg, geholt } = So. 11.V.1980 = 3 gezeichnet

2 = Nr. 590 (am Do. 5.VI.1980 " "
3 = 591
4 = 592 } = So. 8.VI.1980 = 1:15 "

5 = Nr. 662 (am 24.IX.1980, Mi. " " } = Sa. 27.IX.1980 = 1:45 "

= 6 Stunden

Literatur: JBB S 194–197

Helmut Kuhn

65. Blatt (1:1)

1 = Nr. 563 (am Fr. 18. IV. 1980 aus dem Türkenschanzpark, Wien 18. geholt) } = Sa. 19. IV. 1980 = 1'45 gezeichnet
1A } Sa. 26. IV. = 0'45 ״

2 = Nr. 572 (am So. 11. V. 1980 – Muttertag ״ ״ } = Di. 13. V. 1980 = 4'15 ״
2A (= Urlaub)

3 = Nr. 589 (am Mi. 4. VI. 1980 von der Hochschule f. Bodenkultur, Wien 18., Dänenstraße, geholt. } = Do. 5. VI. 1980 (= Fronleichnam) = 0'45 ״

4 = Nr. 646 (am Do. 14. VIII. 1980 aus dem Türkenschanzpark geholt } = Fr. 15. VIII. 1980
4A (= Mar. Himmelf.) = 3'15 ״

= 10'45 Stunden

Helmut Kuhn

62. Blatt (1:1)

1 = Nr 556 (am Sa. 29. III. 1980 aus dem Türkenschanzpark geholt) (Wien 18.) 1A = männliche Staubblüten	= So. 30. III. 1980	2:45 gezeichnet
2 = Nr. 600 = kleine Frucht, am Do. 12. VI. 1980 aus dem Türkenschanzpark, Wien 18., geholt.	= Sa. 14. VI. 1980	1:15 "
3 = Nr. 637 = Frucht, am 25. VII. 1980 aus dem Türkenschanzp. geholt	= Sa. 26, So 27. VII. 80	5 "
4 = Nr 647 = Frucht / Nuß am Do. 14. VIII. 1980 " " "	= Fr. 15. VIII. 1980	0:15 "
5 = Nr. 558 = Hasel, blühendes männliches Kätzchen, am Ostersonntag 6. IV. 1980 vom Hackenberg, Wien 19, geholt 6 = Nr 559 = Hasel, weibliche Blüte " " "	Mo. 7. IV. 1980	1:00 "
7 = Nr. 641 = Hasel / Nuß am Sa. 2. VIII. 1980 vom Eibl, bei Türnitz, mitgebracht.	Fr. 15. VIII. 1980 Mar. Himmelf.	1:30 "
		= 11:45 Stunden

Literatur: JBB S 170–171

Helmut Kuhn

64. Blatt (1:1)

1 = Nr. 561 1A	(am Fr. 11. IV. 1980 aus dem Park am Aumannplatz, Wien 18. geholt)	} = Sa. 12. IV. 1980 (ostern) =	2, gezeichnet
2 = Nr. 562 2A	Knospe, sich öffnend " "	} = "	2 "
3 = Nr. 564	(am Fr. 18. IV. 1980 aus dem Türkenschanzpark, Wien 18. geholt)	} = Sa. 19. IV. 1980 =	1ʼ15 "
4 = Nr. 586 4A	(am Pfingstmontag, 26. V. 1980 "	} = So. 1. VI. 1980 =	1ʼ30 "

Helmut Kuhn

Nr. 267 = 18. Zeichnung 1:1
354 = 18a. "

Heiden
am Sa. 5. XII. 1976 von Wien 19 Hackenberg Nr. 13. mitgebracht.
am Mi. 8. XII. 1976 gezeichnet (rechts) = 5.30 Std. (3H)
10. VIII. Mi. 1977 vom Hackenberg geholt. 14. VIII. Sa. gezeichnet = 2.30 St. (links oben u. unten)
Helmut Kuhn

Nr. 321 = 34. Zeichnung 1:1
381 = 34 B. "

Lit.: GNF, S 56

28. V. 1977 aus dem Türkenschanzpark geholt
29. V. 1977, Pfingstsonntag gezeichnet Zweig links u. rechts oben = 5 St.
16. IX. Fr. 1977 Frucht aus dem Türkenschanzpark, Wien 19., geholt.
17. IX. Sa. 1977. gezeichnet 1'40 St. (rechts)

Helmut Kuhn

Nr. 258 = 17. Zeichnung 1:1
Nr. 298 = 17A. links oben
Nr. 324 = 17B links unten

Lit.: QBS, S227

am So. 7. XI. 1976 von Wien 19. Hartäckerstr. 100 mitgebracht
gezeichnet am 4. XII. Sa. 1976. (rechts) = 4 St. (3H)
27. III. 1977, links oben gezeichnet, 1'30 St.
7. VI. 1977, Zweig geholt, 9. VI. Fronleichnam, 2'45 St gezeichnet, (links unten) Helmut Kuhn

Nr. 254 = Nr. 3, 4, 4A 1:1
350 = Nr. 2
549 = Nr. 1, 1A
550 = Nr. 2A

10. Zeichnung
11'15 St. gez.

24. X. So 1976 von Spaziergang Hackenberg Wien 19. mitgebracht. 1. XI Mo. 76 gezeichnet (Nr. 3, 4, 4A) = 5'30 St.
7. VIII. So. 1977 von Felicitas vom Aumannplatz Wien 18. mitgebracht. 7. VIII. So. gezeichnet (= Nr. 2) = 3'30 St.
29. VII. So. 1979 vom Türkenschanzpark, Wien 18., geholt, gezeichnet (= Nr 1, 1A) = 1'15 St. und Nr. 2A = 1 St.

Helmut Kuhn

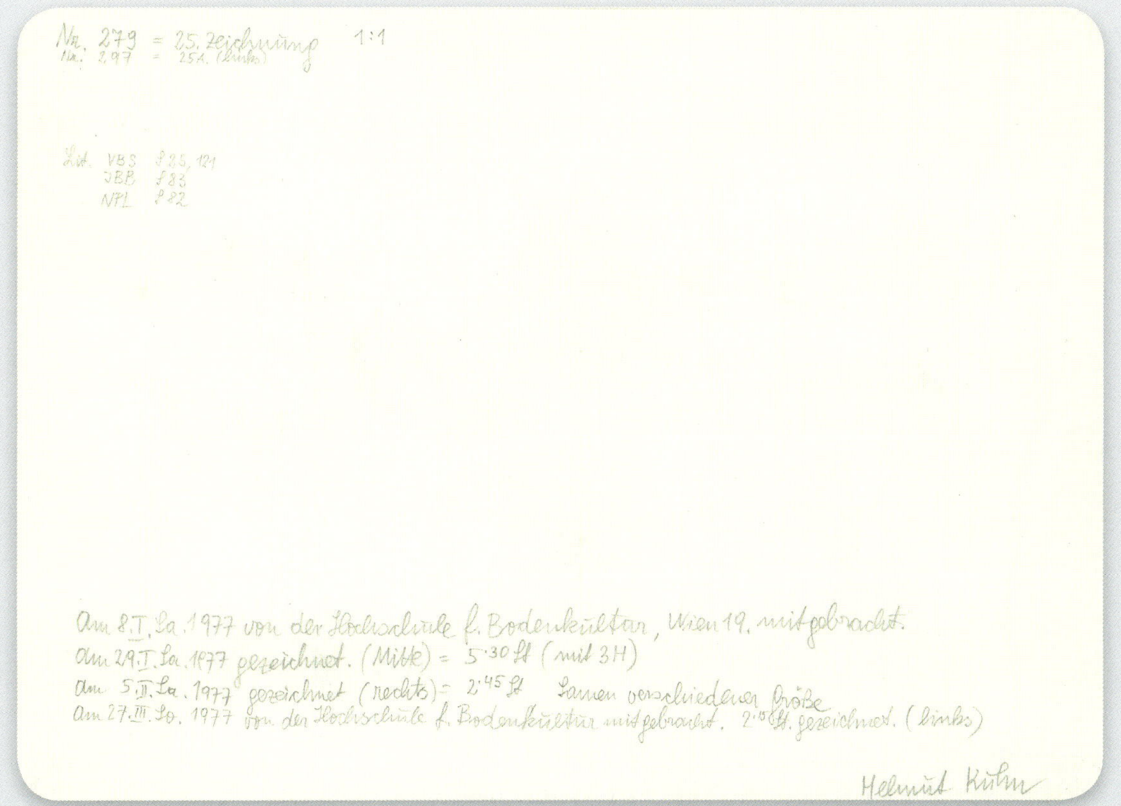
Nr. 279 = 25. Zeichnung 1:1
Nr. 297 = 25A. (links)

Lit. VBS S 25, 121
JBB S 83
NPL S 82

Am 8. I. Sa. 1977 von der Hochschule f. Bodenkultur, Wien 19. mitgebracht.
Am 29. I. Sa. 1977 gezeichnet. (Mitte) = 5.30 St (mit 3H)
Am 5. II. Sa. 1977 gezeichnet (rechts) = 2.45 St Samen verschiedener Größe
Am 27. III. So. 1977 von der Hochschule f. Bodenkultur mitgebracht. 2.15 St. gezeichnet. (links)

Helmut Kuhn

Nr. 318 = 33. Zeichnung 1:1 (Südeuropa, Nordafrika)
337 = 33A, " rechts oben
337 = 33 B " rechts unten

Lit.: CDF, S 236

19. V. Do. Christi Himmelfahrt, 1977, vom Hackenberg, Nottebohmstraße 46, Wien 19., mitgebracht
21. V. Sa. 1977 gezeichnet, 5 St.
1. VII. Fr. 1977 vom Bot. Garten, Wien III. geholt, 3. VII. So. gezeichnet, 40 Min. (rechts oben)
6. VIII. Sa. 1977, obige Frucht, geöffnet, 40 Min. (rechts unten)

Helmut Kuhn

Nr. 282 = 23. Zeichnung 1:1 bis 34 cm lang
418 23A.
534 = Nr. 2 = Gleditsia sinensis LAM. (Ostchina)
540 = Nr. 2A

Do. 6. I. 1977 von Türkenschanzpark, gegenüber Gregor Mendelstraße Nr. 50 mitgebracht
Wien 18.
So. 16. I. 1977 gezeichnet (rechts) = 4·15 Std. (34)
Am 9. VI. Fr. 1978 von Türkenschanzpark geholt. 10. VI. Sa. 1978 gezeichnet 1·15 Std. (Blüten)
13. VI. Mi. 1979 vom Bot. Garten, Wien III., geholt. 14. VI. Do. 1·30 gez. (Nr. 534 = Nr. 2)
(Gruppe 4)
29. VI. Fr. 1979 vom Bot. Garten geholt. 30. VI. Sa. 15' gez. (Nr. 540 = Nr. 2A)

Helmut Kuhn

Rote Kastanienblüte

Früh und Spätstern sind erwacht
leuchten – und gehn still zur Neige.
In die einsam blaue Nacht
glühen durch die dunklen Zweige.

Purpurlichter – die verbrennen,
und nach einem langen Traum
als Kastanien sich erkennen
an dem herbstgefärbten Baum.

Roßkastanie – Aesculus hippocastaneus
Familie: Roßkastaniengewächse – Hippocastanaceae

HK

Nr. 409 = 50. Zeichnung 1:1
443 =
463 = (links oben) 64
514 = Nr. 3

Lit.: QBS S 221
VBS S 95, 185

19.V.Fr.1978, Blütenzweig aus Kainzpark geholt. 20.V.Sa.78 5 St. gezeichnet (Nr. 409)
1.IX.Fr.1978 Kastanie aus dem Garten von Christian u. Andrea, in Wien 13. Kopfgasse 9, mitgebracht.
2.IX.Sa.1978. " gezeichnet. Rechts oben, 2:30 St. (Nr. 443)
3.III.Sa.1979, links oben, 1:30 St. gezeichnet, (Sa.17.II. vom Sommerhaidenweg Wien 18. mitgebracht)
26.V.Sa.1979 Aus Kainzpark, Wien 18. geholt. 27.V.So 45 Min gez. (Nr. 3)

Helmut Kuhn

Nr 295 = 29. Zeichnung (links) 1:1
471 = 29A = (2, 2A, 2B) Mitte, 5H
476 = 29B (3) 2C 5H
499 = Nr. 4. 5H.

Lit.: QBS S 59 ff.
QBS S 62 Zitterpappel

Am 10. III. 1977 aus Wien XXI. Wasserpark, gegenüber dem Haus an der oberen alten Donau 23 mitgebracht. gezeichnet am Sa. 12. III. 1977, links, 3'45 Stunden
7. IV. Sa. 1979 aus Türkenschanzpark, Wien 18. geholt (= Nr. 471) 4 St. gezeichnet.
11. IV. Mi. 1979. Zitterpappel, aus Bot. Garten, Wien 3., geholt. 14. IV. Sa, 30' Min. gez. = (Nr. 3) Nr. 476
5. V. Sa. 1979. Zitterpappel " " ", geholt. 6. V. So. 79, 1'15 gezeichnet. (Heute ist unser 29. Hochzeitstag)
(= Nr. 4 = Nr. 499)

Schnellbahn
2. Baum

Helmut Kuhn

Nr. 283 = 22. Zeichnung 1:1
Nr. 300 = 22A. "
Nr. 355 = 22B "

Am Do. 6.I.1977 von Wien 19. Nedergasse 15 mitgebracht. Abendspaziergang mit Christian
Am Sa. 8.I.1977 gezeichnet (rechts) = 6 St. (34)
Am So. 27.III. von Wien 19. Nedergasse 15 mitgebracht, am 2.IV.1977 gezeichnet. = 3'30 St. (links oben)
10.VIII. Mi. 1977 von Nedergasse geholt. 14.VIII. So. gezeichnet. (links unten) = 1 St.

Helmut Kühn

Waldrebe Clématis vitálba
Familie: Hahnenfußgewächse - Ranunculáceae

HK

Nr. 250 = 11. Zeichnung 1:1
Nr. 334 11 A.

3 H.

Die Waldrebe bildet bis zu 10 m lange, links windende Zweige.
Die auch im Winter an der Pflanze bleibenden Früchte sind mit einem langen federartigen Anhang versehen, der der Verbreitung der Früchte durch den Wind dient.

- am So. 10. X. 1976, vom Spaziergang Wien Hermannskogel, mit Felicitas, mitgebracht
gezeichnet am So. 7. XI. 1976, Wien, 2:30 St.
25. VI. Sa. 1977 vom Hackenberg geholt.
26. VI. So. gezeichnet = 4 St.

Helmut Kuhn

Nr. 275 = 21. Zeichnung 1:1
Nr. 306 = 21A. "

Am Mi. 22. XII. 76, von Büro (Länderbank) mitgebracht. von Fr. Dkfm. Huber
Am Mi. 29. XII. 76 gezeichnet (rechts) = 3·45 St. (34)
Am Fr. 29. IV. 1976 aus dem Alpengarten (Wien IV. Oberes Belvedere) mitgebracht, (links)
Am Sa. 30. IV. 1976 gezeichnet (links) = 5·45 St.

Helmut Kuhn

Nr. 419 = 55. Zeichnung 1:1 (Mitte 4, 4A)
457 (5, 5A) + 6
475 (1, 1A)
474 (2) = 5H
486 (3, 3A) = 5H

Lit.: QBS S33
GNF S50

Am 14. VI. Mi. 1978 aus Garten von Fam. Susan, Wien 19, Hackenberg mitgebracht. 18. VI. Sa 4 St. gez. (4, 4A)
27. XII. Mi. 78. Aus Garten von Fam. Susan geholt. 30. XII. Sa. 78. 3'30 St. gezeichnet. (5, 5A) + 6
8. IV. 79 Sa. Vom Hackenberg geholt, Wien 19. und gezeichnet, 1'15 St. (475 = 1, 1A) männl. Staubblüte
8. IV. 79 Sa " " 45 Min (474 = Nr. 2) weibl. Frucht-Blüte
15. IV. Oster-Sonntag 1979, Wien 18, Peter Jordan Straße geholt. 2'15 gezeichnet. (486 = 3, 3A) 5H "

Helmut Kuhn

72. Blatt (1:1)

Helmut Kühn

Nr. 290 = 26. Zeichnung 1:1 (rechts, 3A, 3B) Lit. JBB, § 74
Nr. 264 = 26 " 1:1 (links oben, 2A + 2B)
Nr. 387 = 26 " 1:1 (= 1.) (Am 26. X. 1977 aus Bot. Garten, Wien III. geholt.)
Nr. 246 = 26. " 1:1 (= Nr. 4), am 9. X Sa. 1976 " Gruppe 25 (Lit. JBB, § 117)

Am 9. II. Mi. 1977 von Mitz Lisan bekommen stammt aus Baumschule Schachinger, Wien 19. Hackenberggasse 41.[?] 3A
am. 12. II Sa. gezeichnet (rechts) = 4·45 St. Samen verschiedener Größe = 3A, 3B
5. XII. So. 1976 von Ecke Krottenbachstr./Bahnstraße geholt. 20. I. Sa. 1979 gezeichnet. 4 St. (5H) (links oben) = 2A
28. I. 79, " = 2B = 3·15 St. gezeichnet. 3. II. Sa. 1979 (Heute ist Christians 25. Geburtstag) Nr. 1: = 30' gez.
3. II. Sa 79, Sicheltanne (Nr. 4) 1·15 gezeichnet.

Helmut Kuhn

Hopfenbuche – Ostrya carpinifolia SCOP.
Familie: Birken- und Haselgewächse – Betulaceae

Nr. 374 = 40. Zeichnung 1:1
478 = (links oben) 1:1
489 = Nr. 2
494 = Nr. 3
509 = Nr. 4

Lit.: QBS, S 88

26. VIII. Fr. 1977 aus dem Botanischen Garten, Wien III. geholt.
10. IX. Sa. 1977, 4·15 gezeichnet. (rechts)
11. IV. Mi. 1979, Männl. Staubblüte (links) aus Bot. Garten Wien 3. geholt. 13. IV. Fr. 2 Std. gez. (5H) (=478)
20. IV. Fr. 1979 vom Bot. Garten " (aufgeblüht). 22. IV. So. gez. 45 Min.
30. IV. Mo. 79 vom Bot. Garten geholt. 1. V. Di. 79 30 Min. gez. (5H) = Nr. 3 = 494.
25. V. Fr. 79 vom Bot. Garten geholt. 27. V. So. 79 45 Min. gez. (5H) = Nr. 4

Helmut Kuhn

Nr. 292 = 27. Zeichnung (grüner Zapfen) 1:1
Nr. 286 = 27A. " (brauner ")

Lit.: J.BB § 114
C.DF § 3140
N.PL § 150

Am 12.II. Sa. 1977 von Schwiegermutter aus dem Pötzleinsdorfer Park, Wien 18., mitgebracht. (grüner Zapfen, links)
Am 19.II. Sa. 1977 gezeichnet. = 4 Stunden. (links)
Am 5.III Sa. 1977 gezeichnet = 6 Stunden (rechts u. mitte) Am 23.I.77 aus Pötzleinsd. Park, mitgebracht.

Helmut Kuhn

Zirbel-Kiefer, Arve Pinus cembra 37

Familie: Kieferngewächse - Pinaceae

HK

Nr. 364 = 37. Zeichnung 1:1

Lit.: QBS S 39
SCA S 32
HMA S 14
VBS S 31, 128

17. VIII. 1977, Mi. Von Helga und Dipl. Ing. Günther Gfatter bekommen. (Vom Zirbitzkogel, Stmk.)
20. VIII. Sa. gezeichnet links = 5·30 St
21. VIII. So. gezeichnet, Früchte, rechts (Querschnitt) und Nadeln = 4 St.

Helmut Kühn

Grün ist die Hoffnung. Wer hofft nicht, daß er einmal auf einen grünen Zweig kommt?
Auf einen grünen Zweig sollte man kommen, doch vom Baum der Erkenntnis müßte er sein!

HK

= 60. Zeichnung = Schlußblatt des gezeichneten Herbariums „Blüten-Früchte-Samen“
Den Spruch „Grün ist die Hoffnung....“ habe ich im Jahre ⊛ geschrieben.

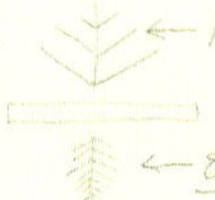

← Metasequoia (Nr. 450) (= Chinesisches Rotholz). Die Metasequoia wurde 1941 in China entdeckt. 1948 keimten Samen in Boston und Europa.

← Eibe (Nr. 449)

Gezeichnet am 23. IX. Sa und 24. IX. So. 1978, 5 St. (Am 22. IX. Fr. 78 aus dem Türkenschanzpark geholt.
Am So. den 26. IX. 1976 (= vor zwei Jahren zeichnete ich Blatt 1)

Wien 18. Gregor Mendel Straße 18 / I / 11.

Helmut Kuhn

Es ist ein sanfter Tod,
dem die müde Welt
golden umloht
in die Arme fällt.

UNIV.-PROF. DR. GEORG GRABHERR

BOTANISCHE BEMERKUNGEN

Orchideen sind eines der Glanzstücke der heimischen Blumenwelt. Sie sind nicht nur schön, wie schon beim ersten Durchblättern der vorliegenden Bilder auffällt – das wäre etwa ein Diptam (S. 182) oder eine Iris (S. 193) auch. Sie sind zwar selten, manche Mitglieder dieser artenreichen Familie treten aber durchaus in individuenreichen Populationen auf, wie etwa gewisse Knabenkräuter. Orchideen umgibt die Faszination des Besonderen. Das mag an ihrer Lebensweise liegen. Sie entwickeln sich aus winzigen, mehlfeinen Samen, und es kann Jahre dauern, bis sie erstmals zur Blüte kommen. Um Fuß fassen zu können, brauchen sie einen Pilzpartner im Boden, mit dem sie sich „verbünden", man spricht von „Mykotrophie". Diese Notwendigkeit schränkt ihre Möglichkeiten anfangs schon ziemlich ein, durch den Pilz können sie sich aber Nährstoffe im Boden erschließen. Man sollte meinen, das sei ein Vorteil. Aber Nährstoffe sind heutzutage meist ohnehin im Überfluss vorhanden, und wo andere Pflanzen aktiv eingebrachten Dünger oder mit der Luft eingewehten Stickstoff prompt in üppiges Wachstum umsetzen können, werden Orchideen leicht wegkonkurrenziert. So bleiben ihnen vorwiegend nährstoffarme Feuchtstandorte oder flachgründige, magere Wiesen oder Wälder. Manche (besonders berühmt dafür ist der gespenstische „Widerbart" Epipogium aphyllum, S. 61) erscheinen überhaupt nur selten an ihren Wuchsorten und bleiben dazwischen jahrelang verschollen. Auch bei der Fortpflanzung sind Orchideen eigen. Die Gattung Ophrys (Ragwurz) hält sich nicht an die übliche Geschichte von den Blumen und den Bienen, sondern hat sogenannte „Täuschblumen". Ihre Blüten imitieren die Weibchen verschiedener Insektenarten (z. B. Langhornbienen). Die Männchen schlüpfen vor den Weibchen und geraten bei ihrer Suche nach Partnerinnen immer wieder an Ragwurzblüten. Sie versuchen intensiv, aber erfolglos, sich mit ihnen zu paaren, und befördern bei diesen Bemühungen die Pollenpakete (die sogenannten „Pollinien") von einer Blüte zur nächsten. Für ihre Bestäuberdienste werden sie also nicht verköstigt, sondern nur frustriert. Eine weitere Besonderheit der Orchideen ist die Variabilität der Einzelblüten innerhalb einer Art. Während etwa die der Frühlings-Adonisröschen (siehe S. 175) alle gleich aussehen, können sich bei Orchideen die Blüten einer Art deutlich voneinander unterscheiden. Im vorliegenden Werk hat der Künstler dieses Phänomen dokumentiert, z. B. bei der Breitblättrigen Stendelwurz (Epipactis helleborine, S. 43), dem Kleinen (Orchis morio, S. 120) oder dem Helm-Knabenkraut (Orchis militaris, S. 124).

Die Faszination der Orchideen ist vielen davon nicht gut bekommen. Die spektakulär blühenden Arten wurden früher hemmungslos gepflückt oder ausgegraben, wobei kaum welche die Versuche, sie an ungeeignete Gartenstandorte zu verpflanzen, überlebt haben. Es ist daher kein Wunder, dass eine Orchidee, der Frauenschuh, zu den ersten geschützten Pflanzenarten zählt. Ohne den heute manchmal etwas abschätzig betrachteten Artenschutz wären etliche unserer heimischen Orchideen heutzutage zweifellos verschwunden. Früher (oder anderswo) ging man auch mit Orchideen bedenkenloser um. Die Knollen der Knabenkräuter wurden medizinisch und als Aphrodisiakum verwendet (beide Anwendungen haben sich infolge Erfolglosigkeit erübrigt), die Blüten zu Sirup eingekocht. Noch heute werden in der Türkei und im Orient gemahlene, getrocknete Knollen zu milchartigen Getränken (Salep) und Speiseeis verarbeitet.

Auch der Autor des vorliegenden zeichnerischen Werkes ist der Faszination der Orchideenwelt erlegen. Und nicht nur der heimischen Orchideen sondern auch anderer botanischer Besonderheiten (z. B. tropischen Orchideen), aber auch Alltäglichkeiten. So findet sich beispielsweise eine brillante Zeichnung des Acker-Hellerkrautes (Thlaspi arvense) bei seinen botanischen Studien. Auch bei diesen Naturstudien im dritten Teil des Werkes verbindet sich künstlerisches Können mit kenntnisreicher Exaktheit der Darstellung und vermag so gleichermaßen zu erfreuen wie zu informieren.

REGISTER

(mit botanischen Anmerkungen)

Systematik und Nomenklatur der Orchideen sind bei manchen Gattungen nicht stabilisiert. Der Grund dafür ist, dass Orchideen hybridisieren können. Außerdem sind einige autogam, d.h. sie neigen zur Selbstbestäubung, wodurch ihre Merkmale in regionalen Populationen fixiert werden. So können schließlich Varietäten, Unterarten oder sogenannte „Kleinarten" entstehen, die sich zwar nur geringfügig unterscheiden, diese Unterschiede aber sozusagen hartnäckig beibehalten, z. B. bei Epipactis.

Allgemein sind deutsche Pflanzennamen regional äußerst unterschiedlich, aber auch die wissenschaftlichen (lateinischen) Namen, die dieses babylonische Gewirr eigentlich verhindern sollten, mussten aufgrund neuer molekularbiologischer bzw. genetischer Erkenntnisse in den letzten Jahren teilweise geändert werden. Das vorliegende Werk orientiert sich aus Respekt vor dem Künstler aber an den von ihm verwendeten Namen. Daher wurde auch die (nunmehr ja nicht mehr ganz) neue Rechtschreibung nicht verwendet (z. B. „Stendelwurz" statt „Ständelwurz").

Der derzeit aktuelle und nach allgemeiner Übereinkunft für Österreich gültige Stand ist der dritten Auflage der „Exkursionsflora für Österreich, Liechtenstein und Südtirol" (2008), bearbeitet von Manfred A. Fischer, Karl Oswald und Wolfgang Adler, herausgegeben von den Oberösterreichischen Landesmuseen Linz, zu entnehmen. Dort finden Interessierte auch weiterführende und Originalliteratur zitiert. Unterschiede in der systematischen Einordnung und Nomenklatur sowie einige biologische und standörtliche Besonderheiten sind im folgenden Register kurz erwähnt.

Darstellungen von Einzelblüten heimischer Orchideen sind nicht im Register verzeichnet.

Cypripedium (Frauenschuh) 33 – 34, 150

C. calceolus (Frauenschuh)

Der Frauenschuh unterscheidet sich von allen anderen heimischen Orchideen durch seine sogenannten „Kesselfallenblüten". Insekten, die auf der Suche nach Pollen dort landen, rutschen hinein und können den „Schuh" nur an einer Stelle verlassen, wo sie in Kontakt zu den klebrigen Staubblättern kommen. Daher wurde für diese Gruppe schon der Familienrang vorgeschlagen (Cypripediaceae). Ist der Frauenschuh an sich schon selten, gilt dies ganz besonders für die Form mit gelben Blütenhüllblättern, dem sogenannten „Goldschuh" (siehe S. 34). Allen Orchideen gemeinsam sind besonders winzige, mehlfeine Samen, die kein Nährgewebe für den Embryo enthalten. Daher sind Orchideen bei der Keimung auf einen Pilzpartner zur Ernährung angewiesen. S. 34 zeigt auch einen Schnitt durch eine Frauenschuh-Frucht, auf der die zahlreichen staubförmigen Samen deutlich zu erkennen sind.

Epipactis (Stendelwurz) 35 – 51

Die Gattung Epipactis ist besonders variabel und artenreich, mit allen oben erwähnten Schwierigkeiten der Zuordnung. Mit Ausnahme von E. palustris, die wie der Name ja bereits vermuten lässt, in Feuchtwiesen und Mooren vorkommt, wachsen alle Arten vorwiegend in Wäldern. E. atrorubens bevorzugt lichte Föhrenwälder, alle andern sind typischerweise in Laub- und Laubmischwäldern zu finden.
Autogame Arten sind im Register mit der Anmerkung „aut" gekennzeichnet.
Die beim Frauenschuh bereits erwähnte obligate Mykotrophie (Ernährung durch Pilzpartner in zumindest einer Lebensphase) ist tendenziell besonders bei E. microphylla deutlich (S. 47). Ihre kleinen, blassen Laubblätter wären offensichtlich nicht in der Lage, die Pflanze ausreichend zu ernähren.

Cephalanthera (Waldvögelein) 52 – 57

Waldvögelein sind besonders attraktive Waldarten. C. damasonium, die v. a. in dichten Buchenwäldern zu finden ist, zeichnet das Phänomen der „Kleistogamie" aus, d. h. die Blüten bleiben oft geschlossen, wodurch Selbstbestäubung gefördert wird.

Limodorum (Dingel) 58 – 60

Beim Dingel ist die Mykotrophie besonders ausgeprägt, da die Pflanze zwar Chlorophyll enthält (Stängel und Früchte, siehe S. 58, 59), dies zur Ernährung aber nicht ausreicht. Auch Dingel neigt zu Kleistogamie, was sogar so weit gehen kann, dass er unterirdisch blüht.

L. abortivum (Violetter D.) 58 – 60

Epipogium (Widerbart) 61

Auch der Widerbart ist wie der Dingel sehr stark auf seinen Pilzpartner angewiesen. Er ist ebenfalls häufig kleistogam. Sein Lebenszyklus ist geradezu geisterhaft, er kann jahrelang auf seinen Wuchsorten in dunklen Wäldern fehlen, bis er plötzlich wieder auftaucht. Der Name „Widerbart“ kommt daher, dass die für unsere Orchideen so kennzeichnende Lippe der Blüte nach oben zeigt, also zur üblichen Lage entgegengesetzt. Im fehlt die sogenannte „Resupination“, d. h. die Drehung des Fruchtknotens während des Aufblühens um 180° (siehe bei Orchis purpurea S. 160). Diese führt normalerweise dazu, dass die Blütenlippe nach unten zeigt (siehe am Beispiel von Neottia S. 62, Orchis militaris S. 124) und so als Anflugsbasis für Bestäuber dient.

E. aphyllum (Widerbart) 61

Neottia (Nestwurz) 62 – 63

Bei der Nestwurz geht die Pilzpartnerschaft so weit, dass die Pflanze gar kein Chlorophyll mehr ausbildet, sondern nur mehr parasitisch lebt. Wie Dingel und Widerbart kann auch die Nestwurz kleistogam sein und sogar unterirdisch blühen. Ihren Namen verdankt diese Orchidee ihren eigenartig verflochtenen Wurzeln.

N. nidus-avis (Nestwurz) 62 – 63, 147

Listera (Zweiblatt) 64 – 65

Das Zweiblatt ist vergleichsweise häufig, wird aber aufgrund seines unscheinbaren Äußeren leicht übersehen. Die beiden Arten der Gattung unterscheiden sich standörtlich: L. ovata ist eine Charakterart feucht-frischer Laubwälder, während L. cordata als typische Moderorchidee in Berg-Nadelwäldern vorkommt.

L. ovata (Großes Z.) 64, 148

L. cordata (Herzblättriges Z.) 65

Spiranthes (Wendelorchis) 66 – 67

Unverkennbar durch die spiralige Anordnung der kleinen Blüten.

S. aestivalis (Sommer-W.) 66

S. spiralis (Herbst-W.) 67

Goodyera (Netzblatt) 68

Das Netzblatt ist die einzige heimische immergrüne Orchidee, sie bildet reichlich Seitentriebe aus dem Rhizom, die auch zur Blüte kommen. Wie der Name „Netzblatt“ schon sagt, sind die Blätter nicht parallel-, wie bei Orchideen sonst üblich, sondern netznervig.

G. repens (Kriechendes N.) 68

Herminium (Einknolle) 69

Kleine, unauffällige Orchidee der Magerrasen und Moorwiesen. Der Name leitet sich davon ab, dass die Pflanze – im Gegensatz etwa zu den Knabenkräutern – nur eine einzige Wurzelknolle ausbildet. Diese Knollen wachsen am Ende unterirdischer Ausläufer (siehe S. 69), was dazu führt, dass die Einknolle immer zu mehreren in kleinen Herden auftritt.

H. monorchis (Einknolle) 69

Platanthera (Waldhyazinthe) 70 – 72

Die Waldhyazinthen verdanken ihren Namen dem starken Duft ihrer Blüten, der an Hyazinthen erinnert.

P. bifolia (Waldhyazinthe) 70 – 72, 160

P. chlorantha (Gewöhnliche W.) 72

Aktuell wurde diese Art in „P. montana“ umbenannt.

Chamorchis (Zwerg-Knabenkraut) 73

Das unscheinbare und daher leicht übersehene Zwerg-Knabenkraut ist – für Orchideen untypisch – eine hochalpine Art wie das Edelweiß und dort an windgefegte Geländekanten gebunden. Ein Vorteil ihrer extremen Standorte ist, dass sie dort nicht gefährdet ist.

C. alpina (Zwerg-Knabenkraut) 73, 148

Coeloglossum (Hohlzunge) 75, 152

Wie Leucorchis (S. 76) eine Orchidee der Berg- und Magerwiesen und -weiden und darum durch Aufgabe oder Änderung der traditionellen Bewirtschaftungsweisen stark gefährdet.

C. viride (Grüne H.) 75

Leucorchis (Höswurz) 76

Diese Gattung wurde mittlerweile umbenannt und heißt nun Pseudorchis.

L. albida (Weiße H.) 76, 152

Gymnadenia (Händelwurz) 77 – 83

Gymnadenia-Arten können mit Nigritella (???) hybridisieren und stellen somit den seltenen Fall eines Gattungsbastardes dar. Üblicherweise bilden sich Hybride sonst nur zwischen Arten einer Gattung. Die Abbildung auf S. 78 zeigt das Phänomen der „Verbänderung", d. h. einer Verwachsung zweier Stängel, eine bei Orchideen sehr seltene Erscheinung. So wie Verbänderungen sind weiß blühende Individuen (siehe S. 81) gelegentlich anzutreffen. Beide Gymnadenia-Arten sind wohlriechend, wobei G.odoratissima wohl von allen heimischen Orchideen am stärksten duftet.

Nigritella (Kohlröschen) 84 – 86

Bei den Kohlröschen waren sich die Systematiker lange Zeit besonders uneinig. Der Künstler orientierte sich am damals aktuellsten Gliederungsvorschlag des Grazer Botanikers H. Teppner.

Dactylorhiza (Knabenkraut) 87 – 108

Die aktuelle Nomenklatur und Sippengliederung unterscheidet zwischen „Fingerwurz" (Dactylorhiza) mit meist handähnlich gespaltenen Wurzelknollen (siehe S. 88) und „Knabenkraut" (Orchis) mit an Hoden erinnernden paarigen Wurzelknollen (siehe S. 111).
Die Blüten sind auffällig gemustert (Saftmale), um die bestäubenden Insekten zu den Pollinien zu leiten. Saftmale gibt es auch bei anderen heimischen Orchideen, bei Dactylorhiza und Orchis sind sie aber besonders auffällig. D. sambucina zeichnet sich durch insgesamt lebhaft gefärbte Blüten aus, wobei gelbe und purpurne Formen nebeneinander vorkommen. Standörtlich bevorzugen alle Dactylorhiza-Arten feuchte Wiesen, Flachmoore oder Bergweiden.

Traunsteinera (Kugel-Knabenkraut) 109

Eine klassische Art der Bergwiesen.

Orchis (Knabenkraut) 110 – 129

Die Gattung Orchis musste aufgrund molekularbiologischer Erkenntnisse neu gefasst werden: O. coriophora, O. palustris und O.morio werden aktuell der bereits bestehenden Gattung Anacamptis angeschlossen.
O. tridentata und O. ustulata gehören nun der früher rein mediterranen Gattung Neotinea an.

Anacamptis (Pyramidenorchis) 130

Zur aktuellen Systematik siehe oben unter Orchis.

Himantoglossum (Riemenzunge) 131 – 134, 153

Spektakuläre, grosse Art trockener Wiesen und Säume mit auffällig geformten Einzelblüten.

Ophrys (Ragwurz) 135 – 140

Kennzeichen der Ophrys-Arten ist ihre spezielle Bestäubungsbiologie mit Täuschblumen (siehe Botanische Vorbemerkungen).

O. apifera (Bienen-R.) 135 – 136
O. insectifera (Fliegen-R.) 137, 161
O. holosericea (Hummel-R.) 138
O. sphegodes (Spinnen-R.) 139 – 140, 161

Corallorhiza (Korallenwurz) 141

Chlorophylllose, voll-mykotrophe Moderorchidee der Buchen- und Buchenmischwälder

C. trifida (Korallenwurz)

Liparis (Glanzkraut) 142

Bildet als einzige heimische Orchidee sogenannte „Bulbillen" (basale Brutzwiebeln), aus denen die Blütentriebe wachsen und die sonst besonders für epiphytische Tropenorchideen typisch sind. Dass die heimische Orchideenflora erstaunlicherweise noch keineswegs vollständig bekannt ist, wurde erst 2016 durch den Nachweis einer neuen Liparis-Art (L. nemoralis) nachgewiesen.

L. loeselii (Glanzkraut) 142

Malaxis (Einblatt) 143

Sehr unscheinbare Art feucht-frischer alpiner Rasen.
M. monophyllos (Einblatt) 143, 152

Hammarbya (Weichkraut) 144

In Hochmooren, heute fast ausgerottet. In der aktuellen Nomenklatur wird die Gattung als Malaxis paludosa zur obigen Gattung Malaxis gestellt.

H. paludosa (Weichkraut)

Tropische Arten (Cymbidium, Paphilopedium, Oncidium, Coelogyne, Phalaenopsis, Vanda, Dendrobium u. a.) 154 – 159, 163 – 166

Originalgröße